布包美學家

bella

設計師的布包美學提案

29款日雜包圖解技法、

步驟、版型全收錄！

每天醒來最期待的，
就是到工作室去看看包包們。

做完包包後的滿足感，
應該只有也喜歡做布包的你懂吧？

content

PART1
亞麻系列

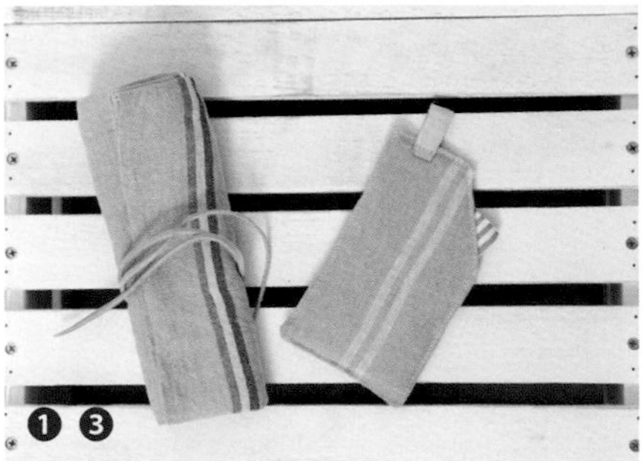
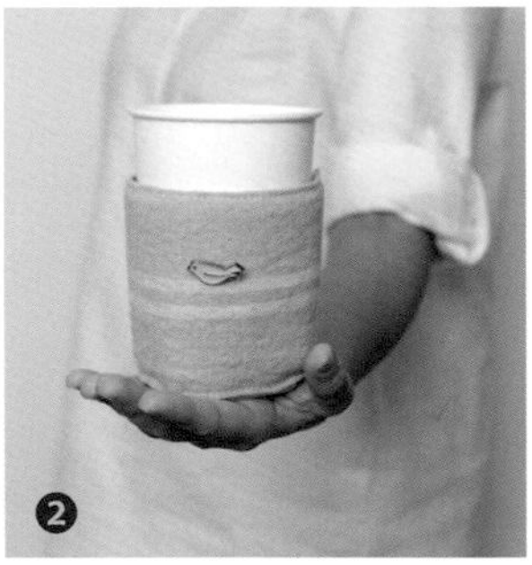
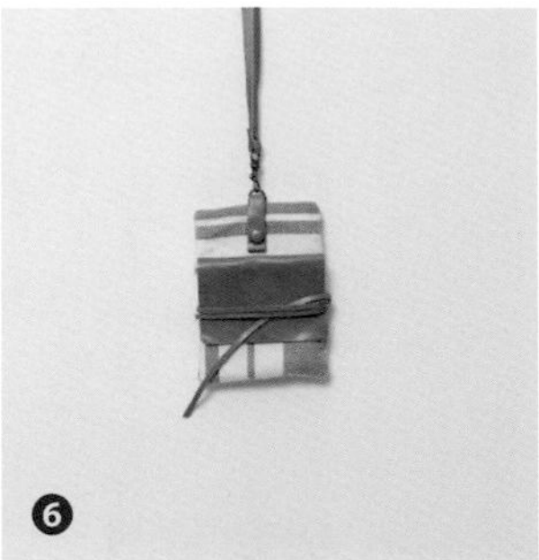
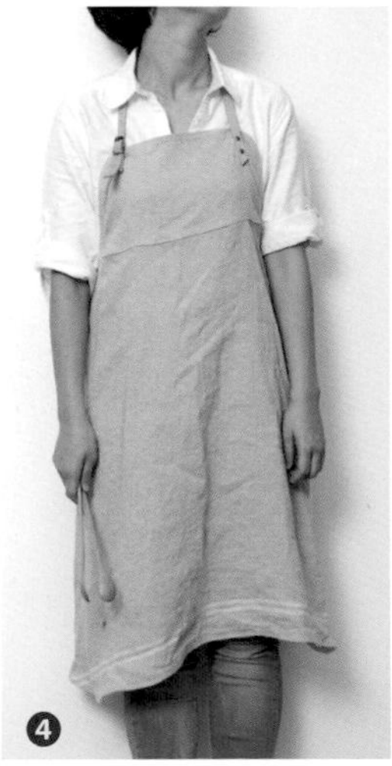
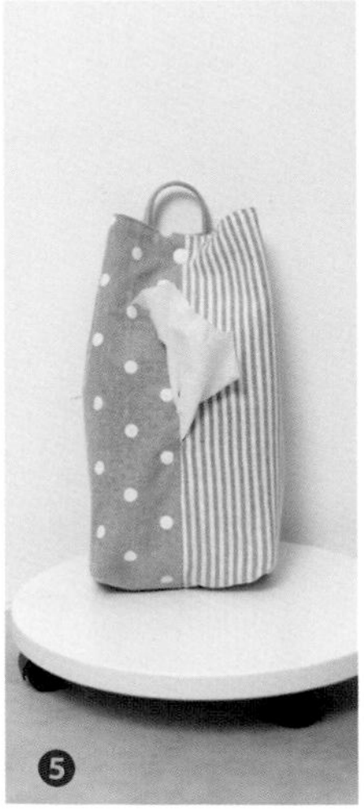

PART2

三原色系列

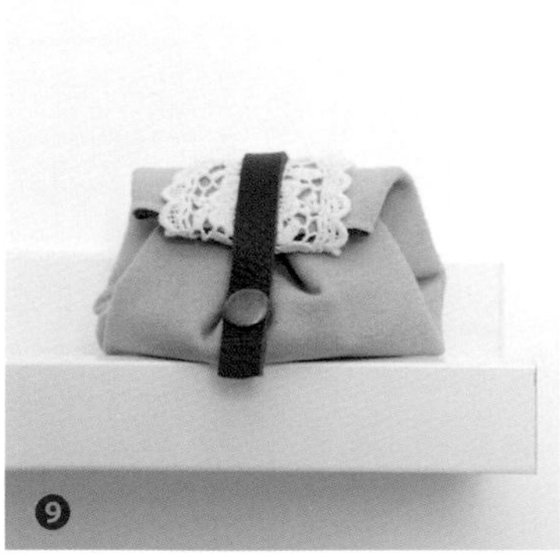

PART3

輕彩系列

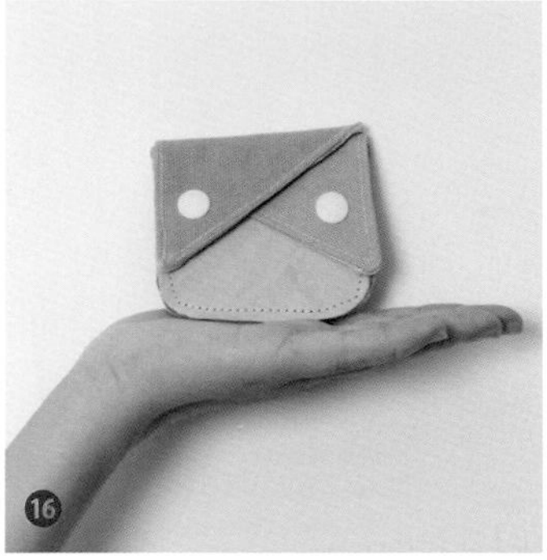

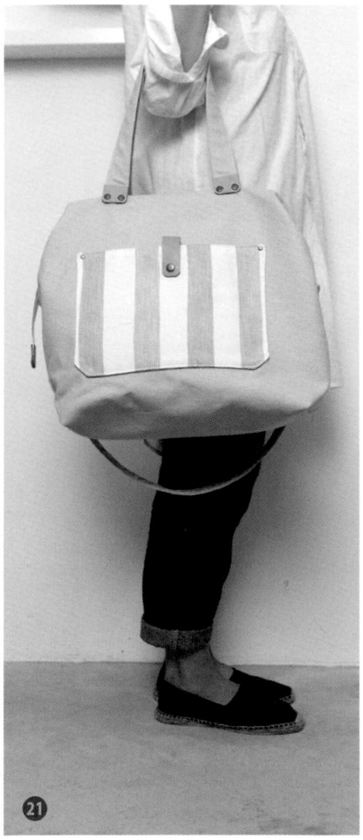

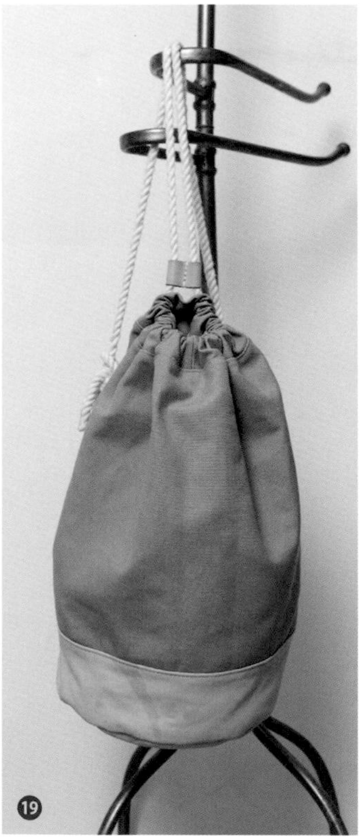

⑯ 雙色 COIN 零錢包 — p082　⑰ 檸檬黃小圓造型提包 — p084　⑱ 青草綠寬口托特包 — p088　⑲ 粉彩柔感拳擊包 — p094　⑳ 彩色寶石托特包 — p101　㉑ 旅行口金包 — p106

PART4
純淨白系列

PART5
簡約灰黑系列

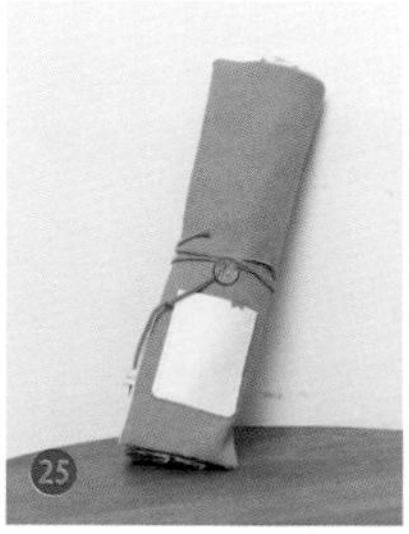

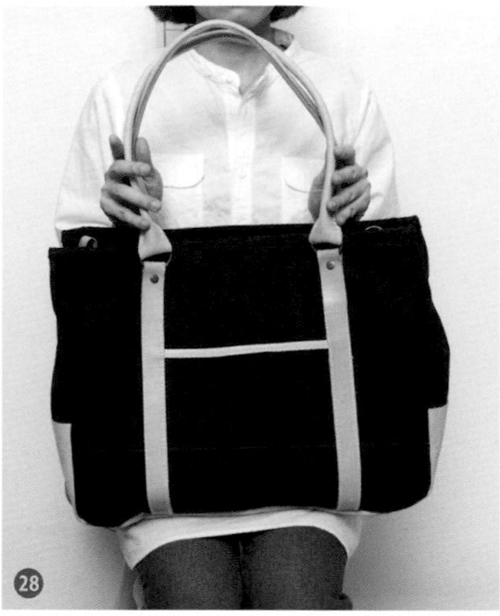

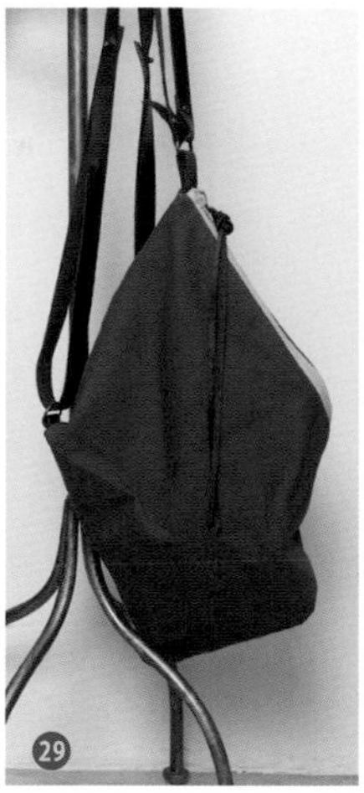

工具
hand tools

ARE YOU READY?!

❶ 木槌　❷ 膠板
❸ 綜合敲打底檯　❹ 四孔菱斬、二孔菱斬

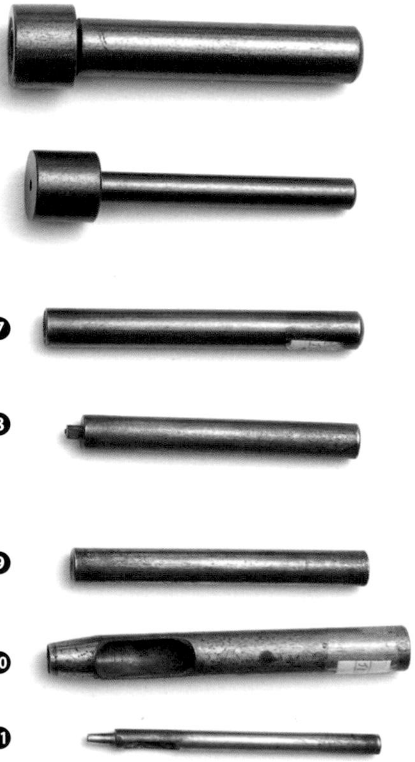

❺ 雞眼工具組 2cm　❻ 雞眼工組具 6mm
❼ 固定釦工具 10mm　❽❾ 四合釦工具
❿ 丸斬 10mm　⓫ 丸斬 0.3mm

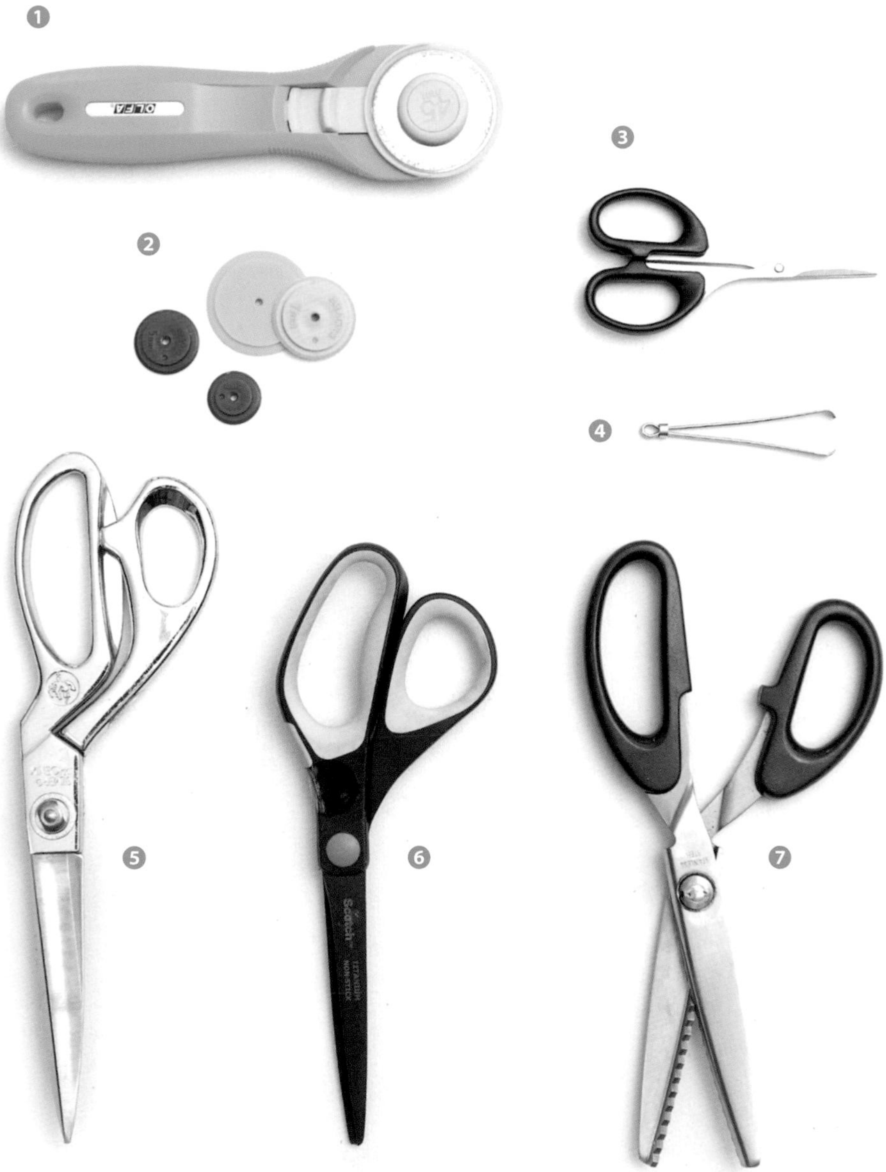

❶ 裁刀 ❷ 縫份圈 ❸ 線剪 ❹ 穿帶器 ❺ 布剪 ❻ 紙剪 ❼ 布用鋸齒剪

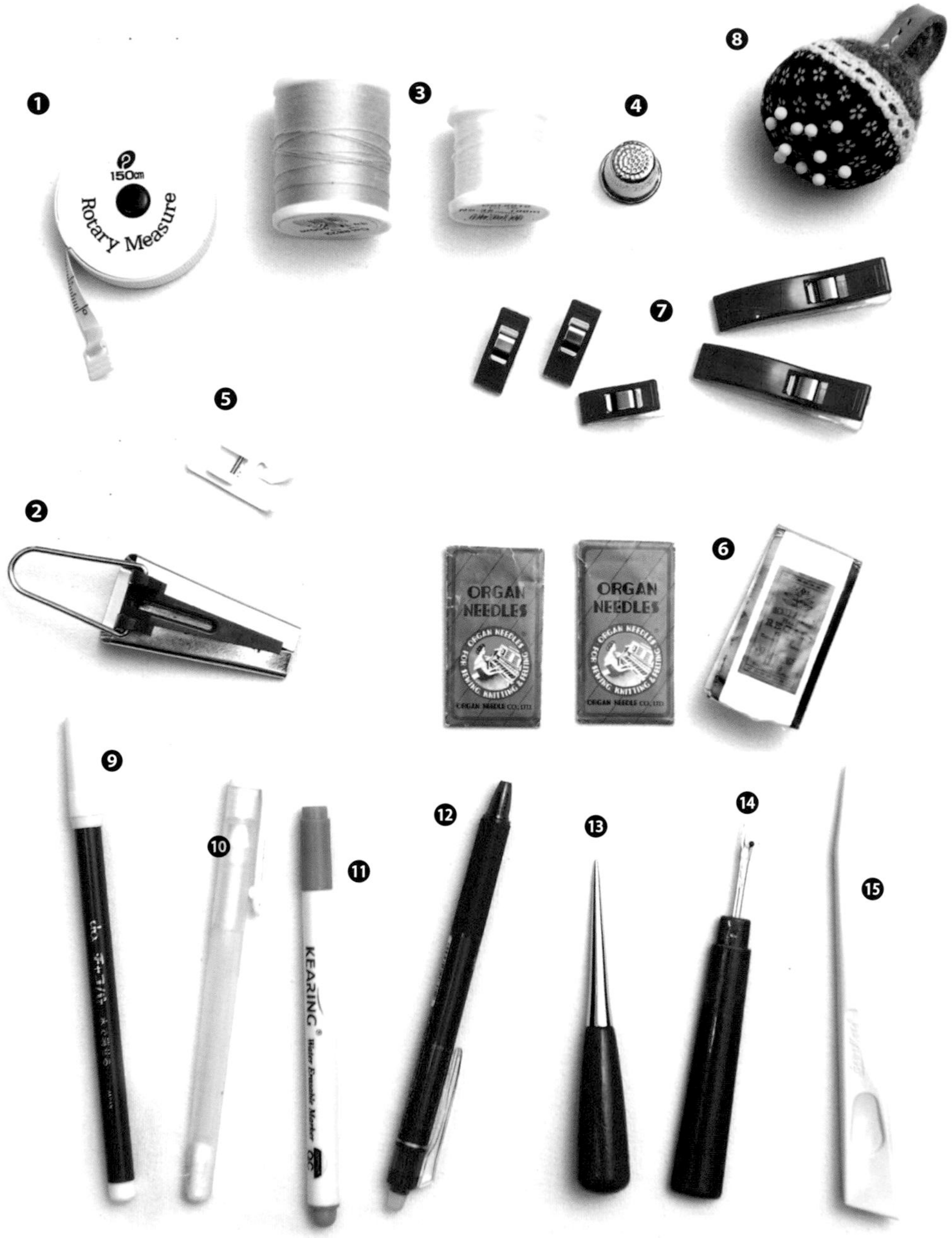

❶ 捲尺　❷ 滾邊器　❸ 手縫線、車線　❹ 頂針器　❺ 防水布壓布腳／皮革壓布腳
❻ 手縫針／車針　❼ 強力夾　❽ 珠針　❾ 水消筆　❿ 白色水消筆　⓫ 藍色水消筆
⓬ 熱消筆　⓭ 錐子　⓮ 拆線器　⓯ 骨筆

技法
techniques

SOME TIPS!

安裝固定釦
technique 1

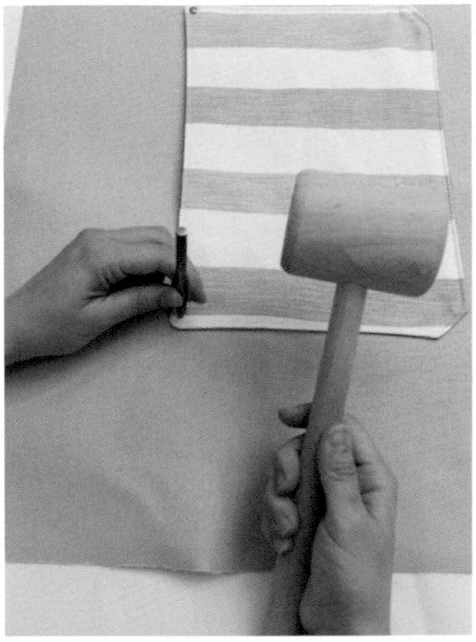

❶ 使用丸斬打洞，底部要墊膠板。

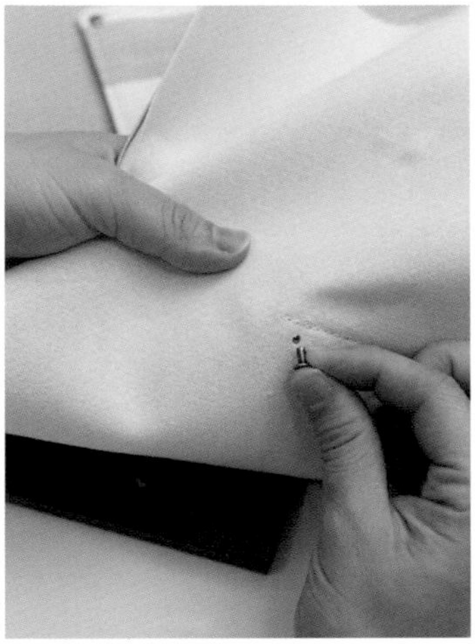

❷ 將公釦從後方穿入洞口。

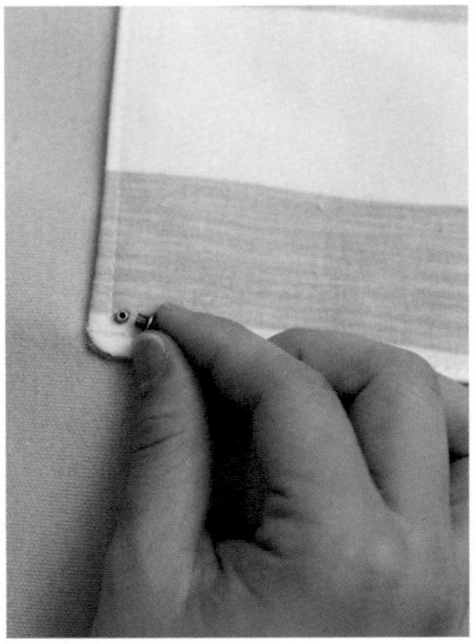

❸ 用母釦蓋住。

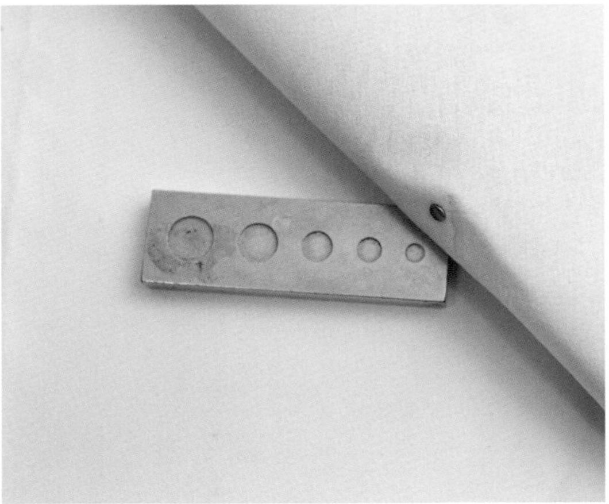

❹ 找出適當的敲打底檯洞口。

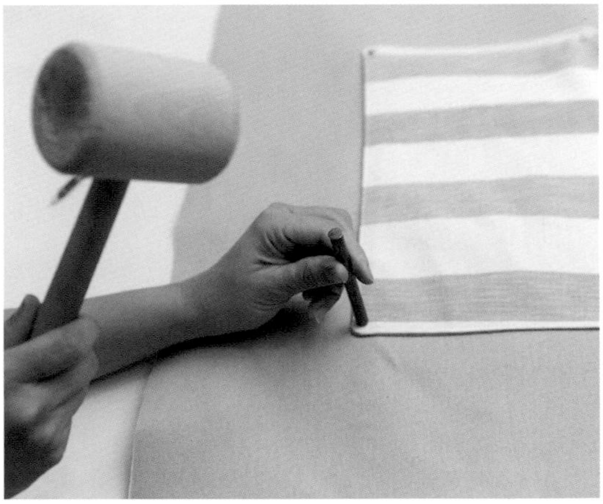

❺ 使用同尺寸的固定釦工具敲合。

安裝四合釦

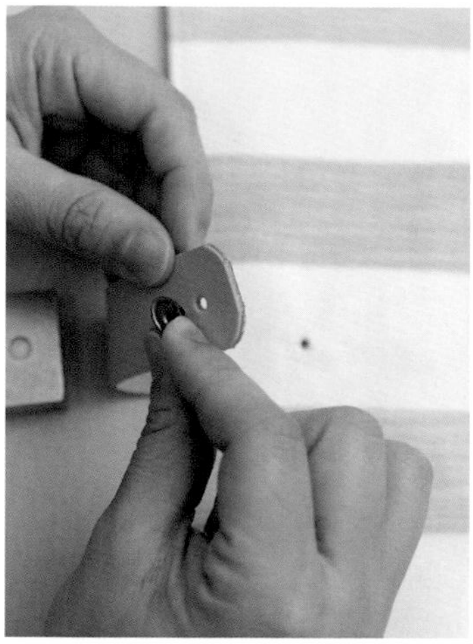

❶ 將母釦上蓋穿過洞口。

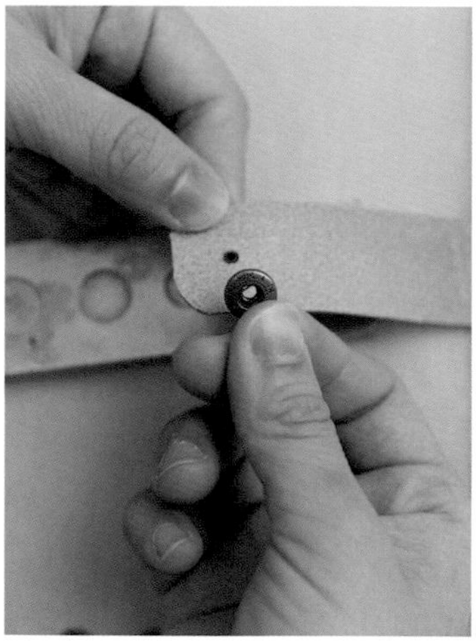

❷ 安裝母釦下蓋。

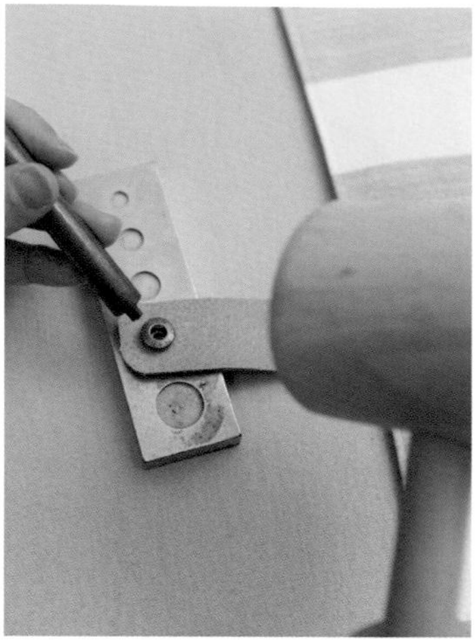

❸找出敲打底檯合適的位置，使用凸型工具敲合。

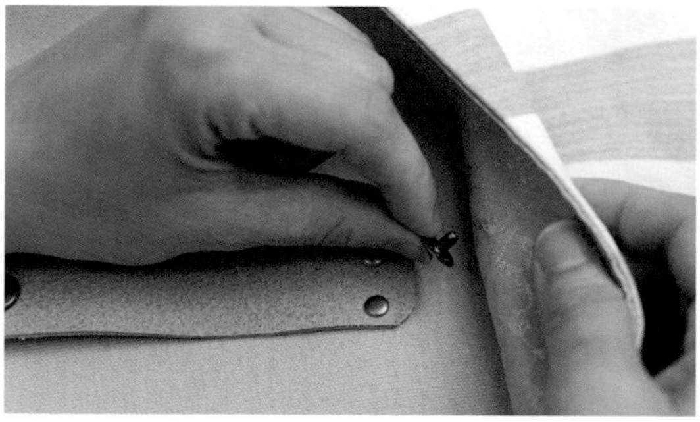

❹ 公釦下蓋座穿過洞口。

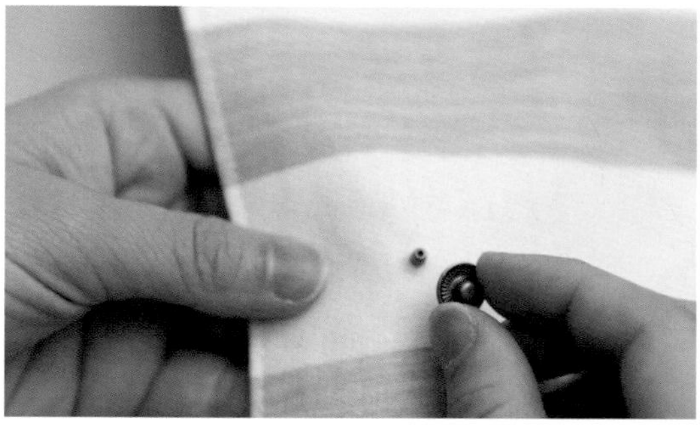

❺ 公釦上蓋蓋住。

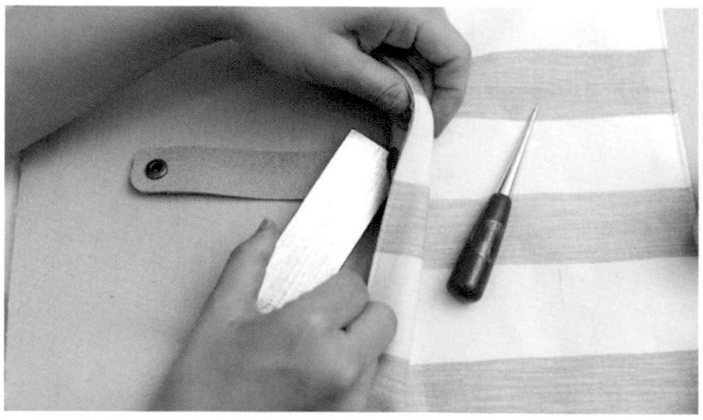

❻ 將敲打底檯翻至背面。

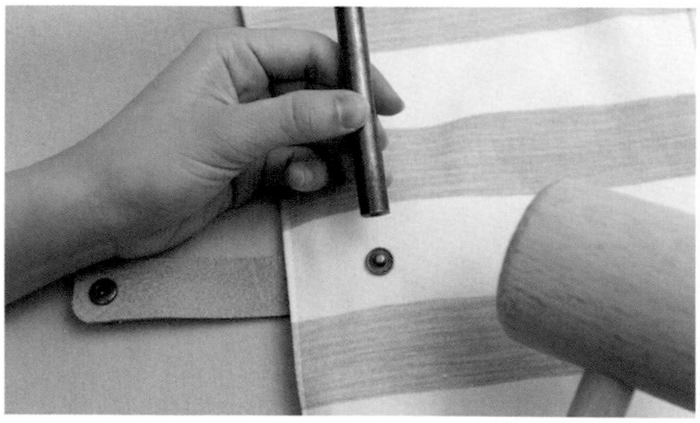

❼ 使用凹型工具敲合。

安裝可調整式揹帶

technique 3

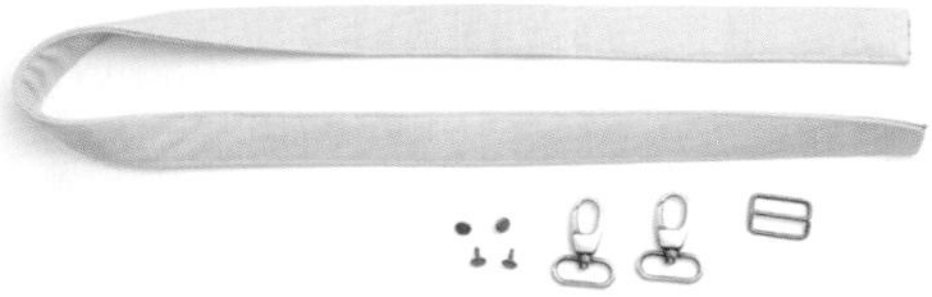

❶ 蝦勾 2 個，日環一個，固定釦 2 組。

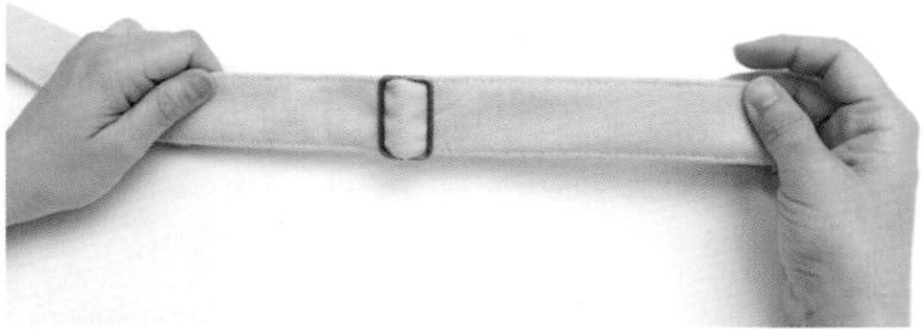

❷ 先將揹帶穿過日環（一上一下）。

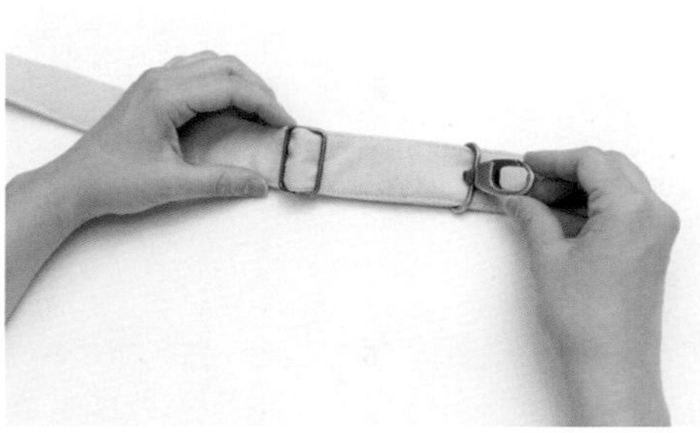

❸ 再套入蝦勾。

❹ 將揹帶尾巴再穿入日環內側。

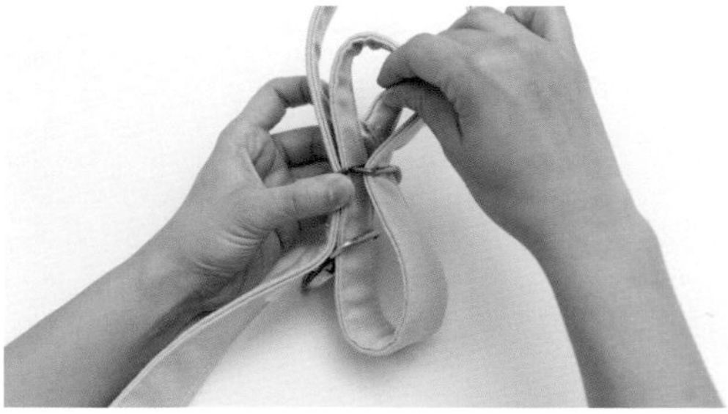

❺ 在大圈裡再圈一個小圈。

❻ 揹帶尾部內折。

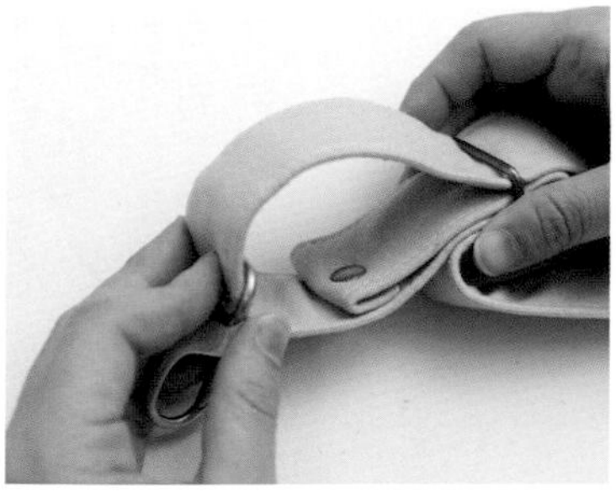

❼ 使用固定釦固定。

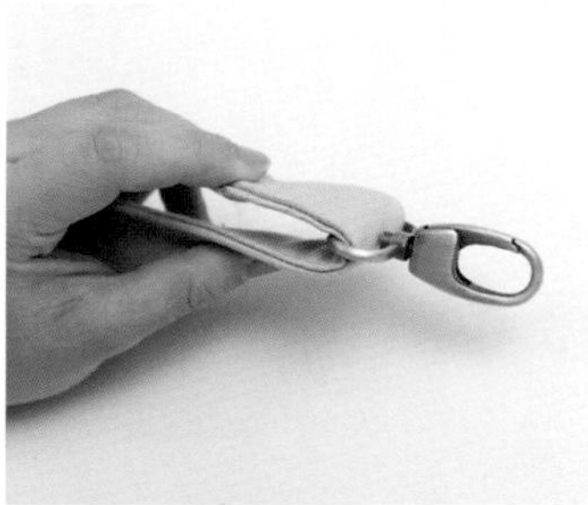

❽ 另一端穿入蝦勾。

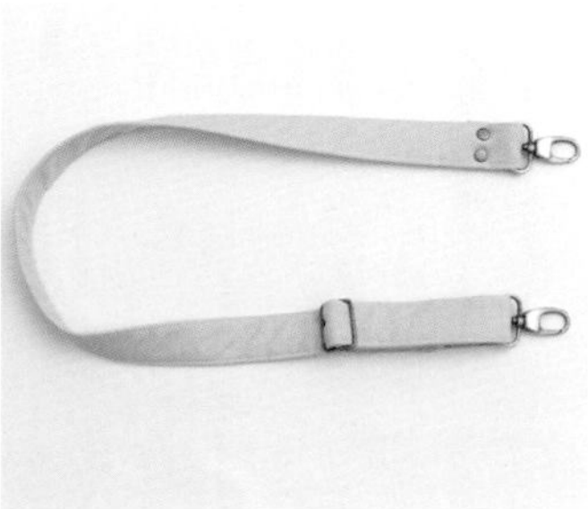

❾ 對折後，直接用固定釦固定即可。

安裝磁釦

technique 4

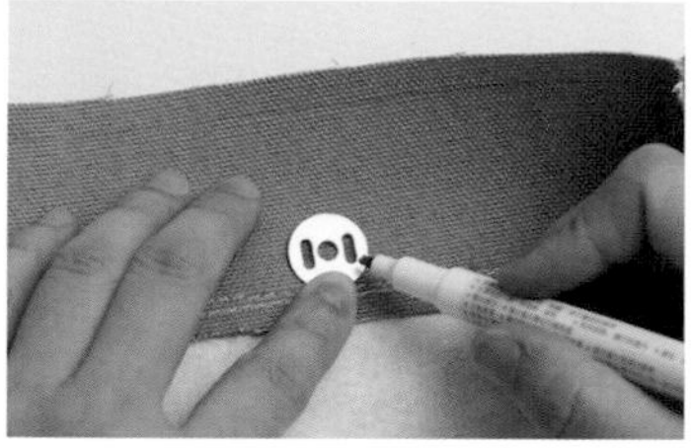

❶ 畫出裝磁釦的位置。

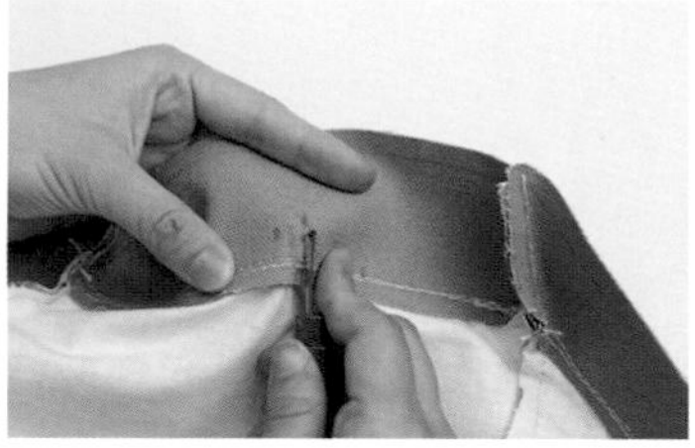

❷ 拆破記號處。

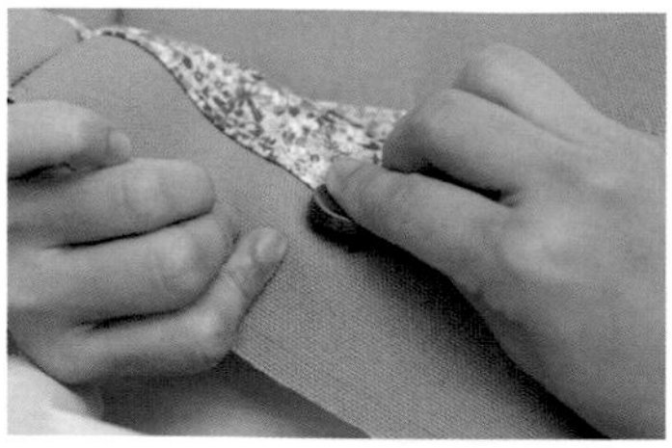

❸ 正面裝磁釦。

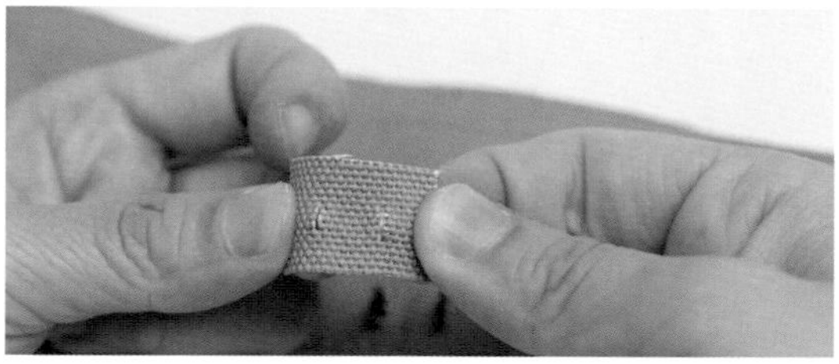

❹ 在碎布上戳破兩個洞。.

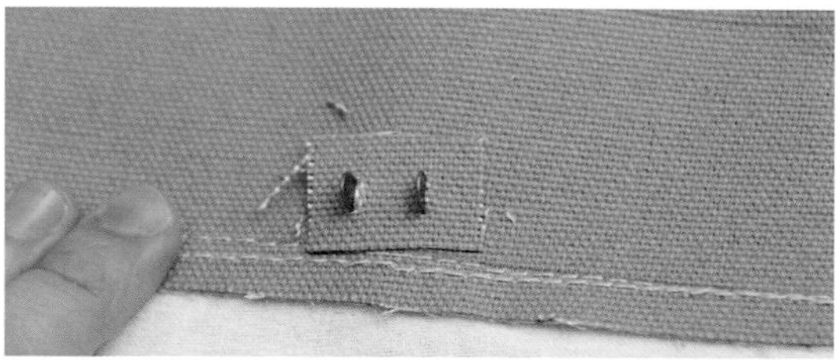

❺ 碎布蓋上。

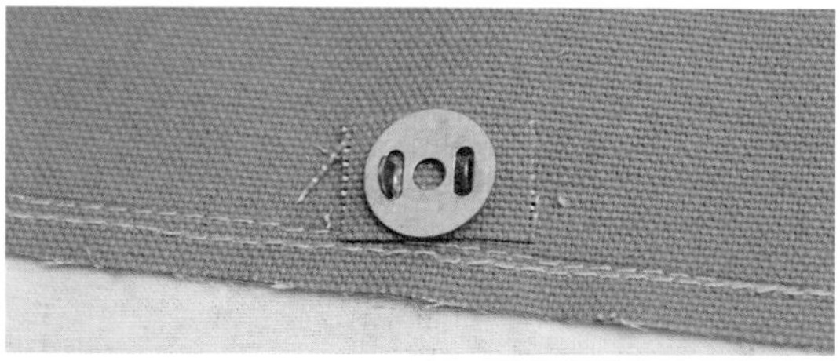

❻ 輔助片蓋上。

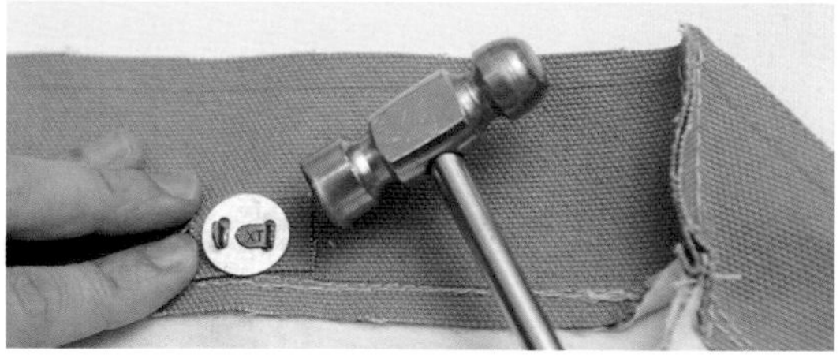

❼ 敲平（磁釦公釦與母釦同樣做法）。

按壓式四合釦

technique 5

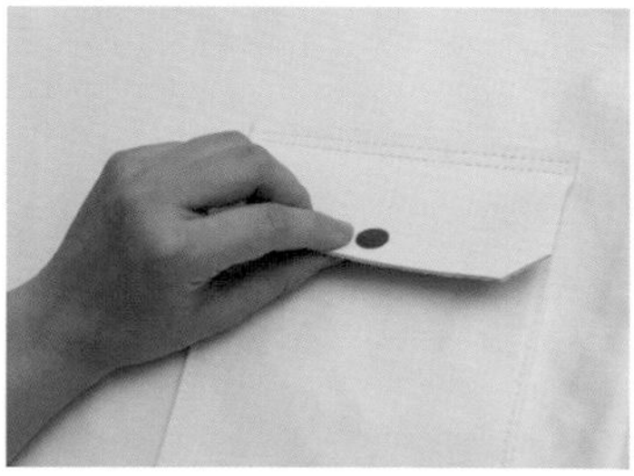

❶ 打洞後直接安裝母釦上蓋。

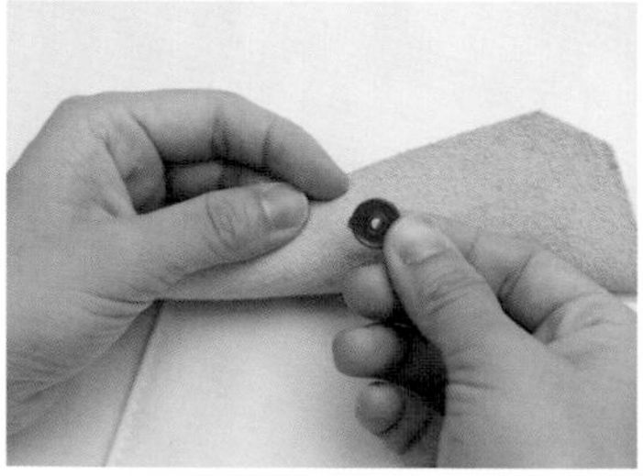

❷ 安裝母釦下蓋，「用力按壓」卡住。

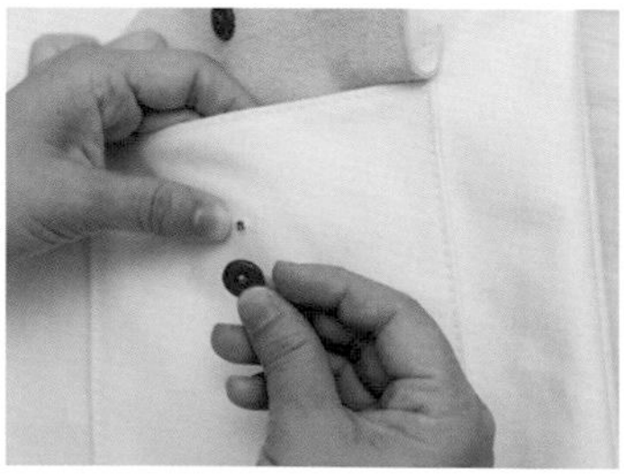

❸ 在相對位置安裝公釦上蓋及上蓋即可。

安裝敲合式〈撞釘式〉磁釦

technique 6

❶ 皮革一端安裝磁釦，放入凹型模具。

❷ 扣住上蓋，使用固定釦工具敲合。

❸ 磁釦母釦安裝在布上適當位置，放入凸型模具。

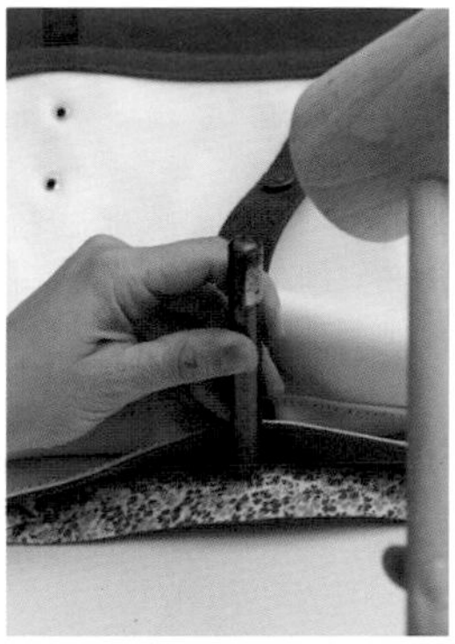

❹ 扣住上蓋，使用固定釦工具敲合。

滾邊器用法

technique 7

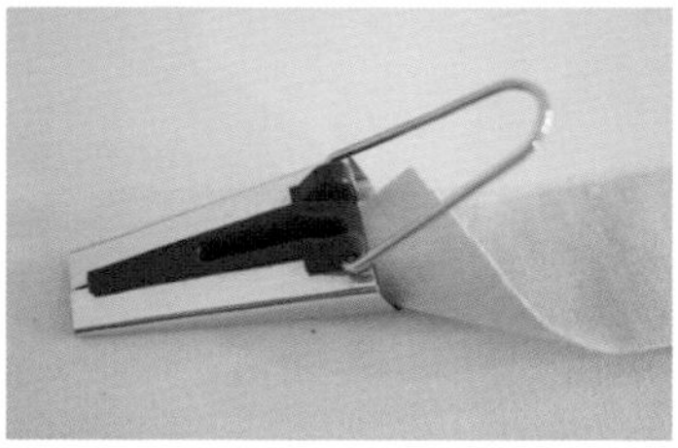

❶ 將布條開頭折成三角形後放入滾邊器內。

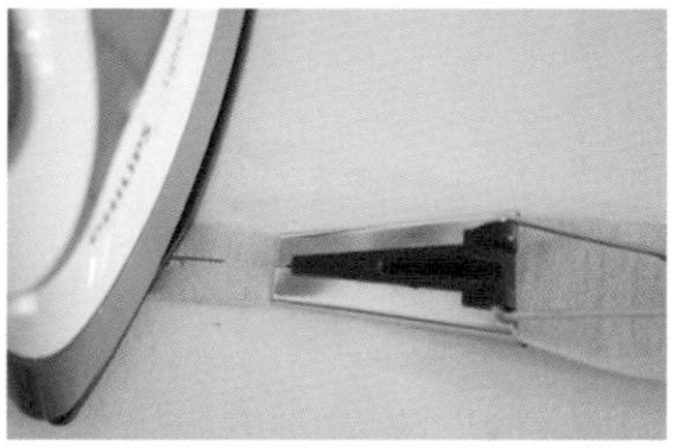

❷ 一邊將布拉出，一邊熨燙。

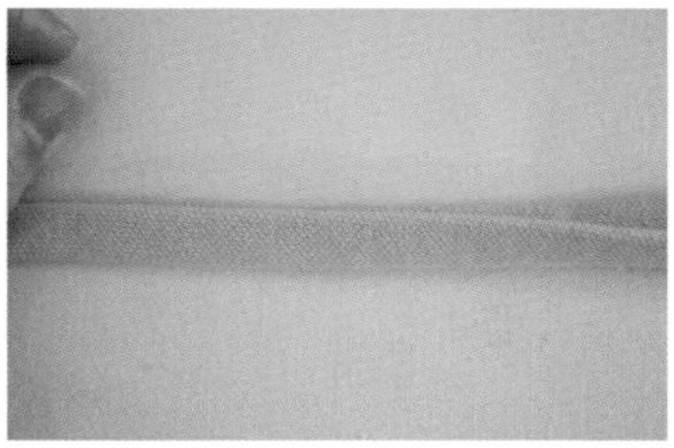

❸ 燙好後再對折整燙即可。

安裝雞眼釦

technique 8

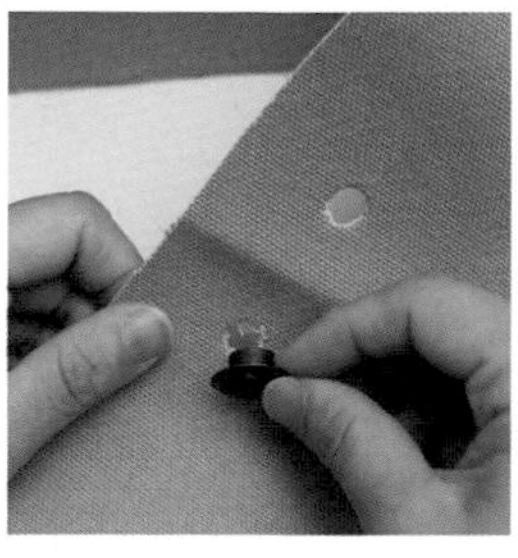

❶ 在記號上打洞，裝上上釦。

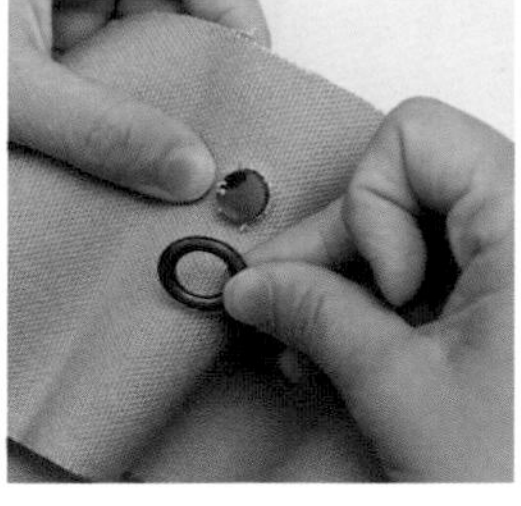

❷ 背面裝上蓋片。

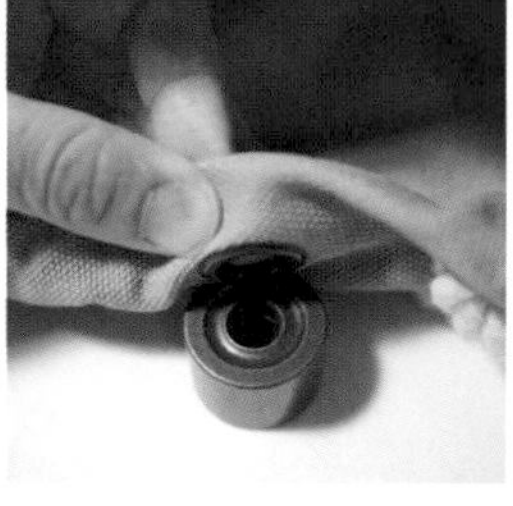

❸ 上釦放在模具上。

❹ 使用雞眼工具釘牢。

PART 1

亞麻系列

PART1
亞麻系列

01 亞麻皮革杯墊。

Bella's bag

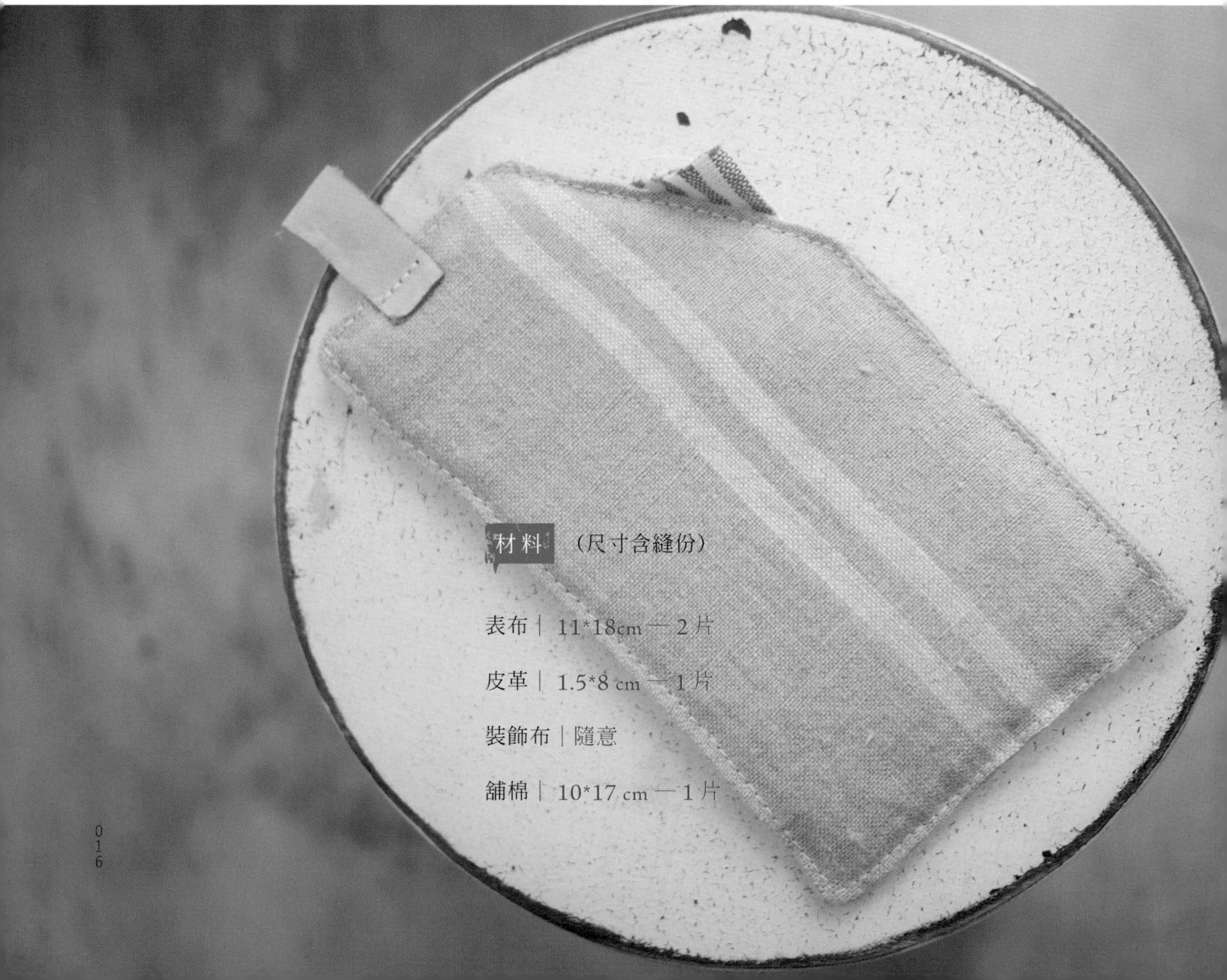

材料 （尺寸含縫份）

表布｜11*18cm — 2 片

皮革｜1.5*8 cm — 1 片

裝飾布｜隨意

舖棉｜10*17 cm — 1 片

步驟 let's get started

❶ 表布正面相對（剪去底 7cm* 高 4cm 的斜角），沿布邊 1cm 車縫一圈，並在斜角處留返口。

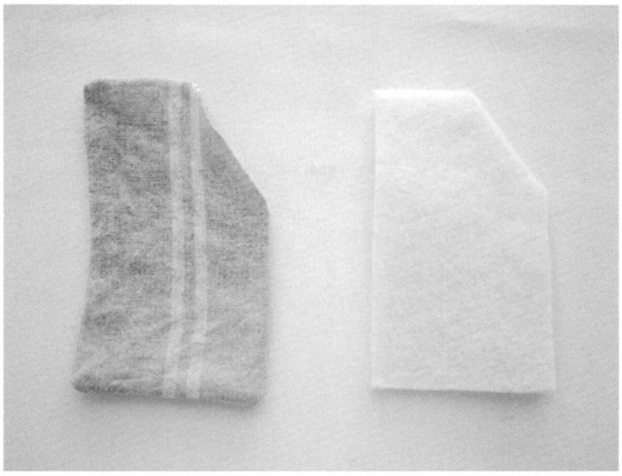

❷ 翻回正面，將鋪棉剪成比作品略小 1cm，塞入表布中。

❸ 將裝飾布疏縫在返口開口處。

❹ 返口整理好，整燙後沿布邊 0.2cm 壓線 1 圈。

❺ 皮革車縫在適當位置，即完成。

02
Bella's bag

好拿手握
隔熱杯套。

材料 （尺寸含縫份）

表布｜24*22cm 一 1 片

軟薄皮革｜7/8.5cm 一各 1 條

舖棉｜23*8cm 一 1 片

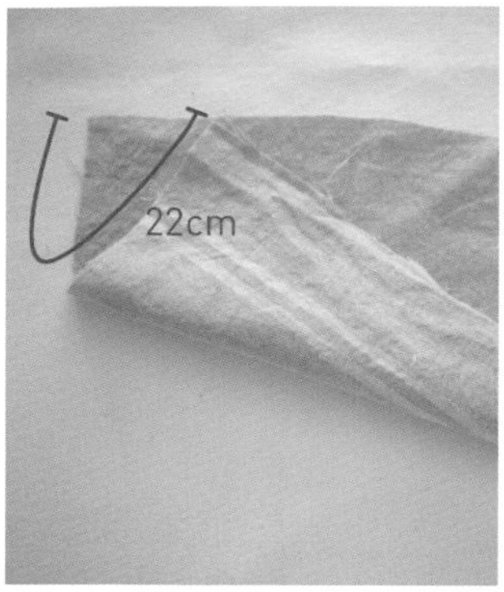

❶ 將表布對折，正面相對。

❷ 車縫一圈，留8cm返口。

❸ 翻回正面，從返口將鋪棉塞入。

❹ 鋪棉塞入後，將返口整理好，用藏針縫縫合。

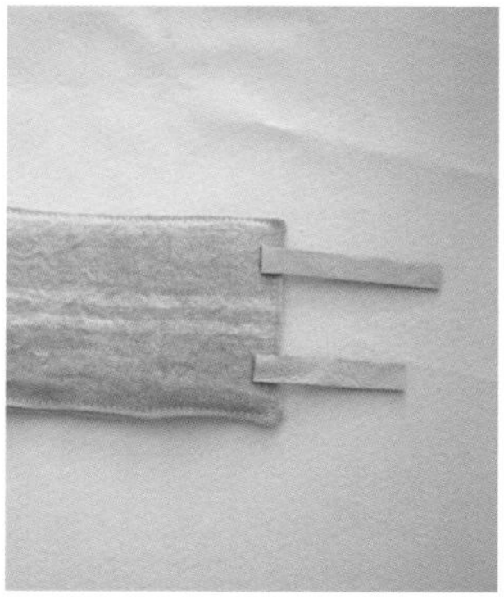

❺ 將皮革車縫在距離上下布邊各 1.5cm 距離處（注意此時是 8cm 皮革在上，7.5cm 皮革在下）。

❻ 兩條皮革需對齊。

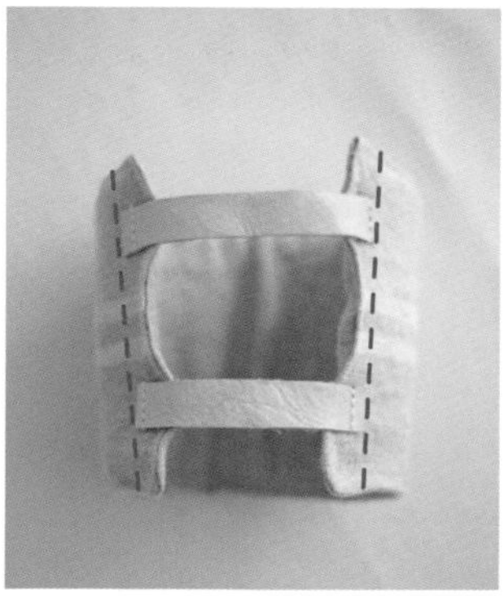

❼ 另一端皮革邊也要對齊。讓杯套形成上寬下窄的形狀。

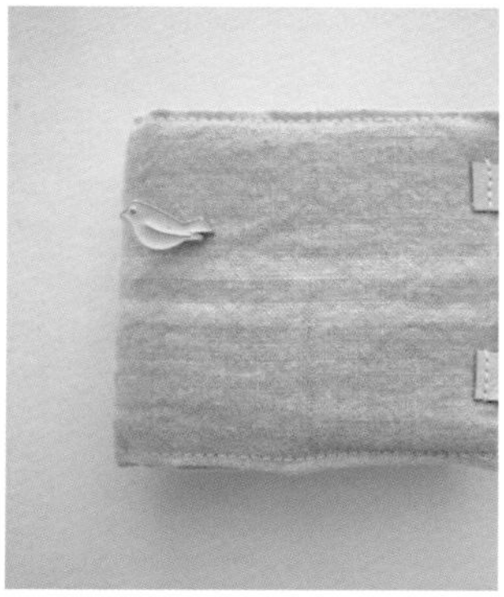

❽ 最後在表布正面縫上裝飾釦子，就完成囉！

03 Bella's bag

南法亞麻餐墊。

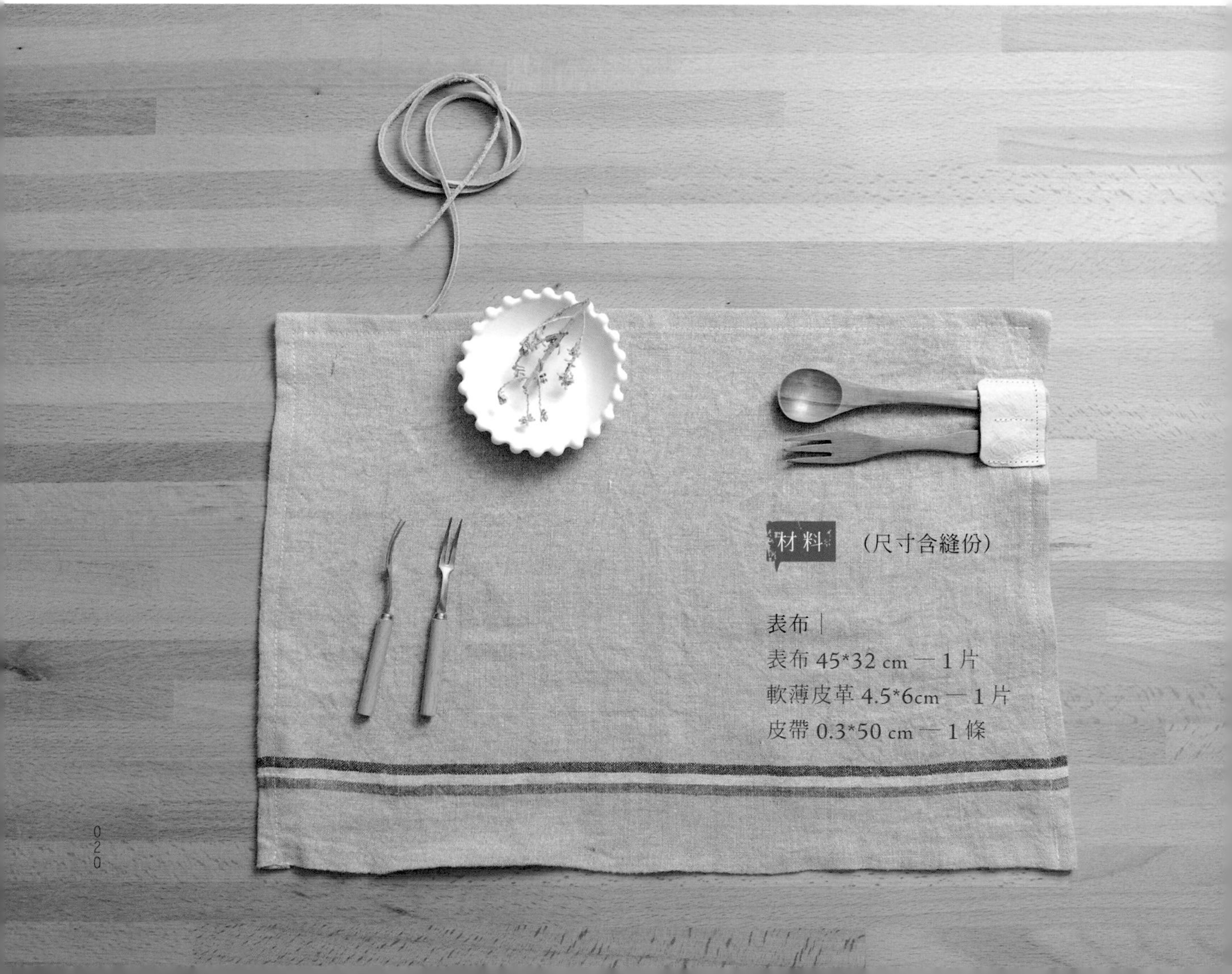

材料　(尺寸含縫份)

表布｜
表布 45*32 cm 一 1 片
軟薄皮革 4.5*6cm 一 1 片
皮帶 0.3*50 cm 一 1 條

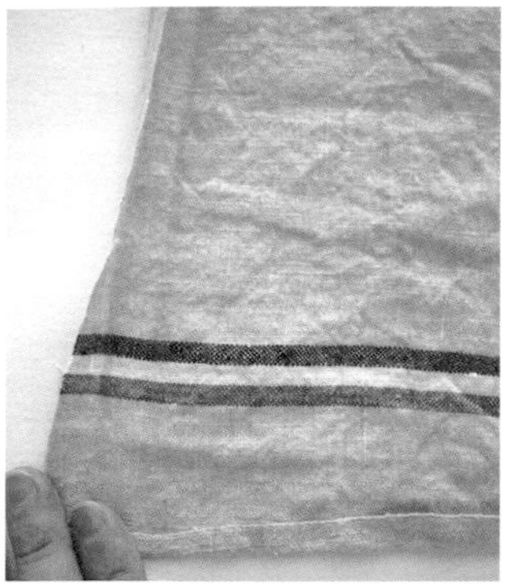

❶ 將 32cm 布邊往內折一折，約 1cm。

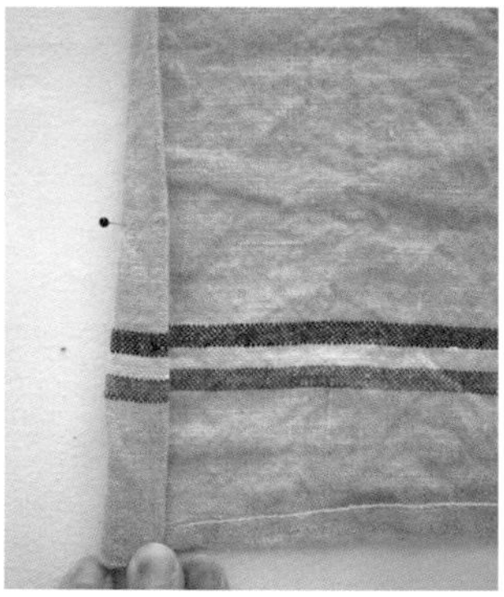

❷ 再往內折 1cm 一次。整邊好後用珠針或強力夾固定。

❸ 再將上方布邊往內折 1cm 2 次。

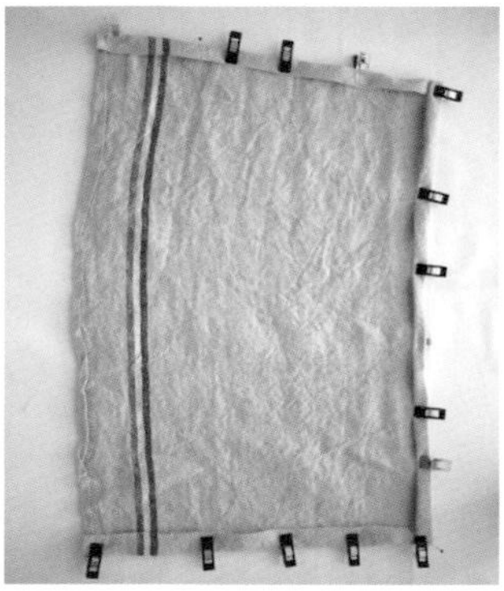

❹ 三邊都往內折好後，用強力夾固定住（也可用熨燙定型）。

❺ 翻至正面，沿布邊 0.7cm 車縫固定三邊。

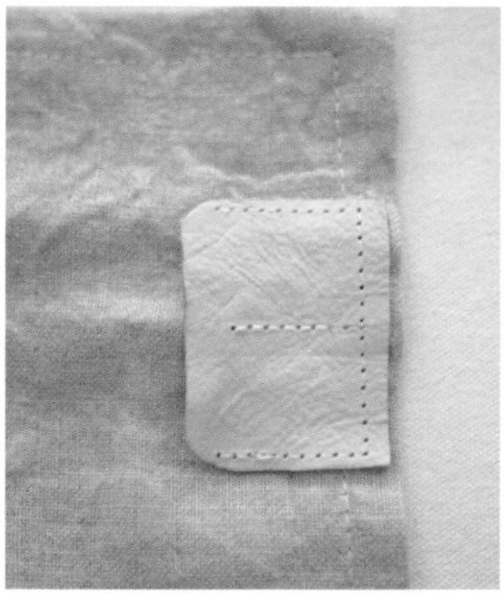

❻ 軟皮革車縫位置：布邊對齊，距上方 4cm 處。

❼ 將布背面相對對折，由右向左捲起。

❽ 用皮帶束起即可。

TIPS

步驟❹下方為不會虛邊的布邊，若使用的布會虛邊，一樣要收邊喔！

04

Bella's bag

家事好感亞麻圍裙。

材料 （版型尺寸含縫份）

表布｜
表布 A — 1 片（依版型）
表布 B — 1 片（依版型）
2.5cm 人字織帶（包邊條）— 4 碼

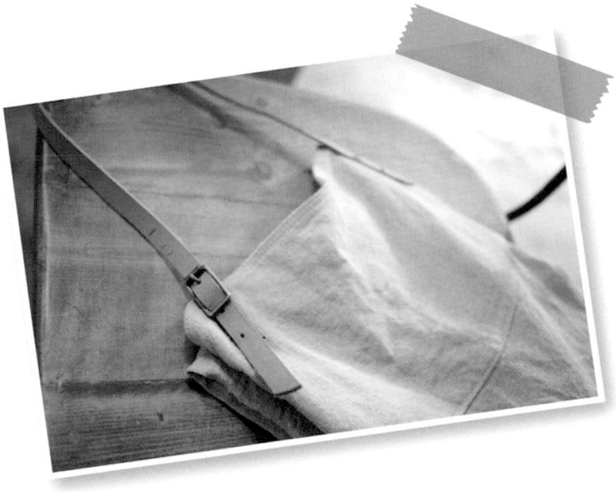

配件｜
皮革 65*1.5cm — 1 條、12*1.5cm — 1 條
輔助皮片 1*1cm — 1 片、5*1cm — 1 片
固定釦 6mm — 4 組
1.5cm 皮帶釦— 1 個
四合釦 10mm — 2 組
裝飾釦—隨意

步驟 let's get started

❶ 將 A 下緣與 B 布上緣對齊，正面相對用珠針固定。

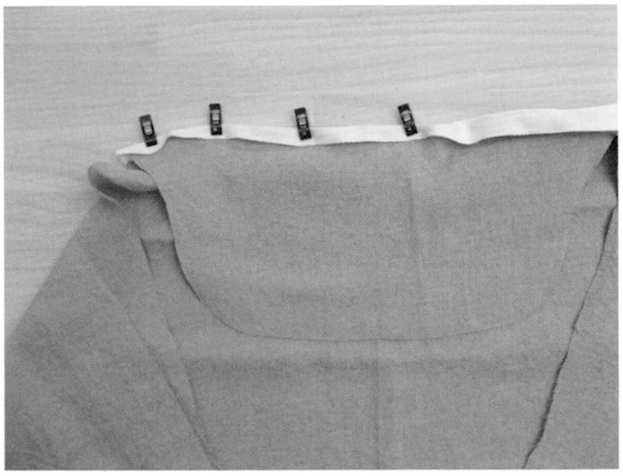

❷ 兩塊布車縫相接後，使用人字織帶包邊。

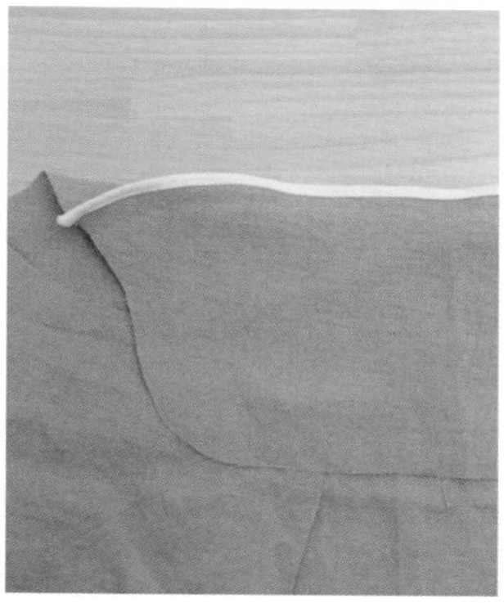

❸ 車縫包邊。

❹ 將包邊後的縫份上倒，翻至正面壓線0.2cm固定。

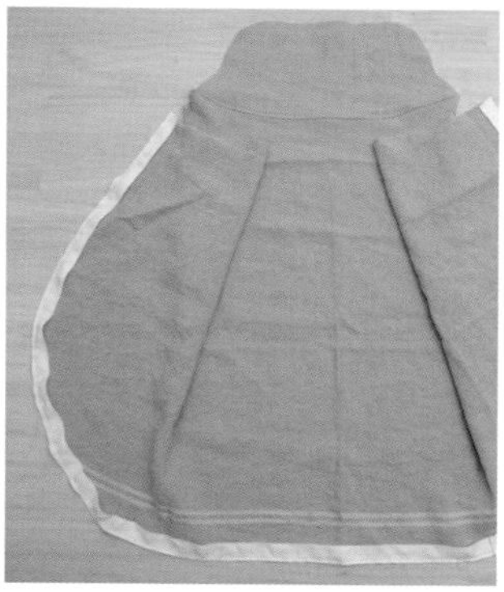

❺ 包邊條與圍裙「正面」相對，布邊對齊，沿布邊0.5cm車縫下半圈。

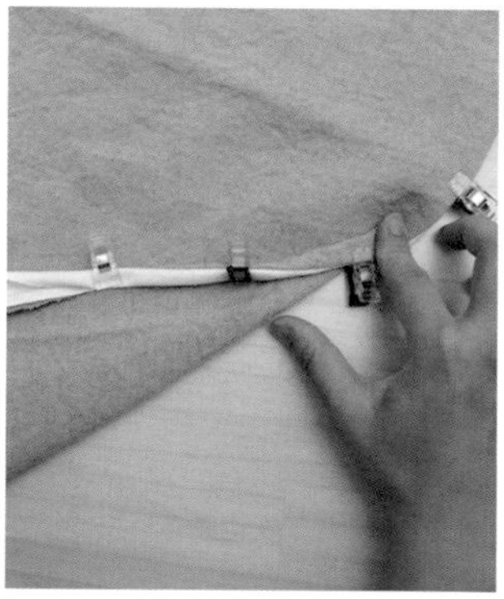

❻ 將包邊條內折約0.7cm後，再全部折至圍裙背面，整燙好。

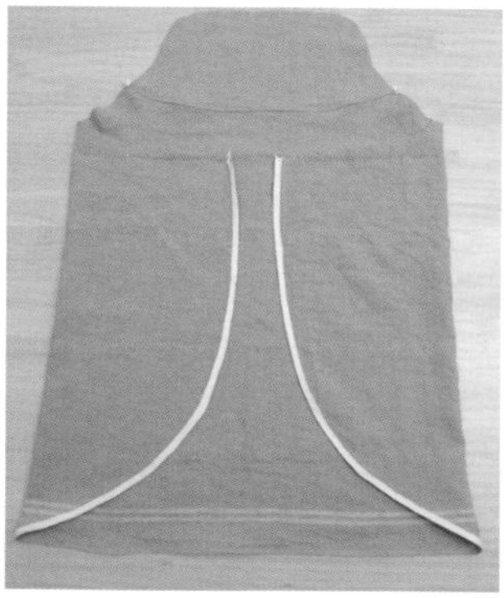

❼ 翻至圍裙正面沿布邊壓線0.2cm及0.7cm，將包邊條固定。

❽ 圍裙上半部同步驟❺～❼，一樣做法。

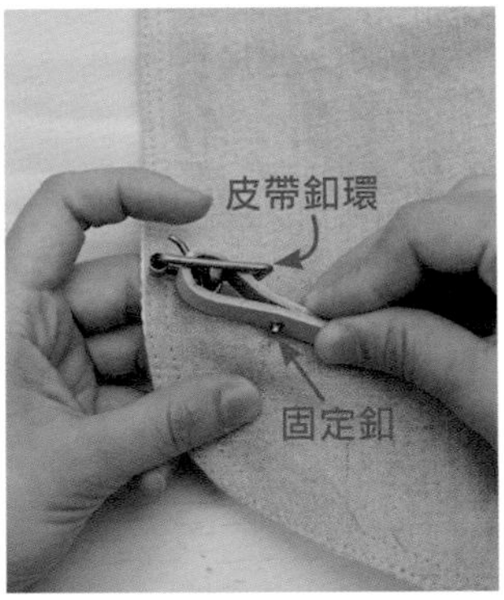

❾ 圍裙頂端一邊裝上皮帶釦 12*1.5cm（將皮革穿入釦環）再用固定釦公釦穿過皮與布。可參考 P.9，技法 1

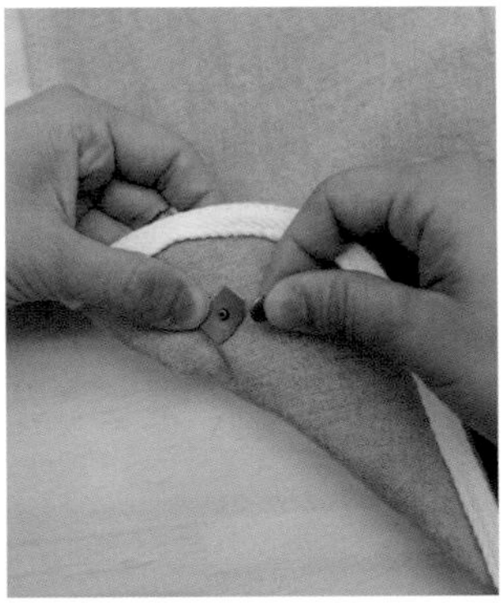

❿ 圍裙背面先加上一小塊薄皮革，再扣上母釦（作用：加強厚度更耐用）。

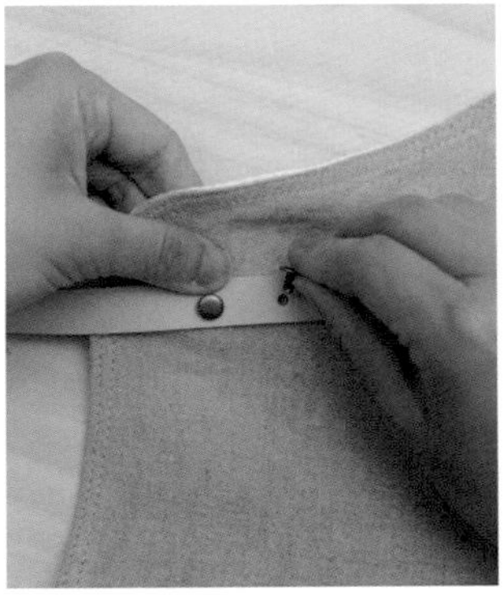

⓫ 圍裙頂端另一邊裝上皮革 65*1.5cm（皮革另一端適當位置需打洞，以方便穿過皮帶釦）。

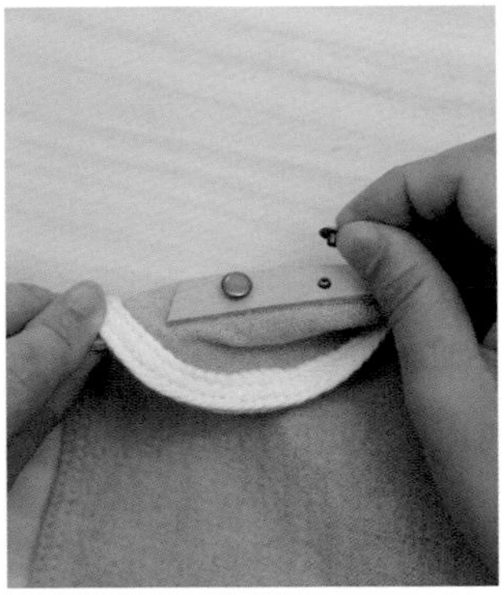

⓬ 背面一樣加上補強皮革後再安裝固定釦。
可參考 P.9，技法 1

⓭ 圍裙背面裝上四合釦。
可參考 P.10，技法 2

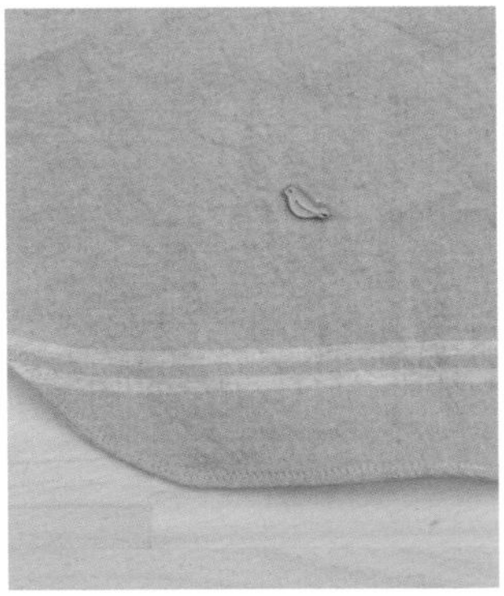

⓮ 最後，在圍裙右下角手縫上小鳥釦作裝飾，完成～

irtst du in mein Hirn den Brand,

erd ich dich auf meinem Blute tragen.

ohne Mund noch kann ich dich beschworen.

mir das Herz zu, und mein Hirn wird schlagen.

05

Bella's bag

條紋亞麻面紙套。

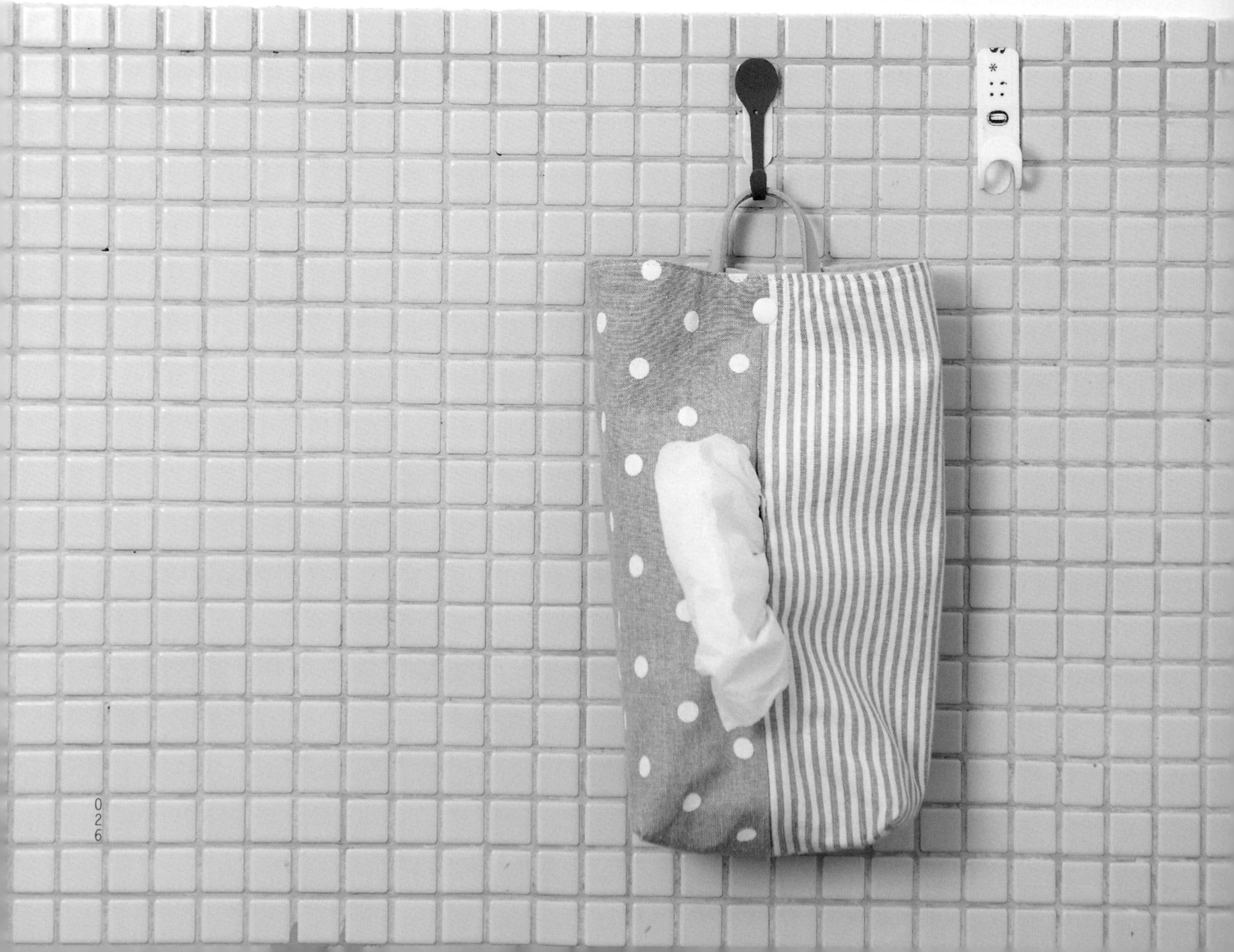

條紋加上圓點各半的設計，
搭配任何一種
居家風格都很適合！

材料　（尺寸含縫份）

布｜
表布 34*24cm — 2 片
裏布 34*24cm — 2 片
軟皮革 1*16cm — 1 片

配件｜
按壓式四合釦— 1 組
固定釦 8mm — 2 個

步驟　let's get started

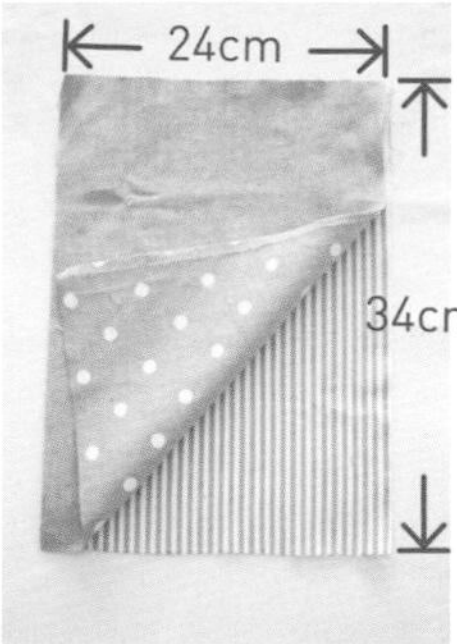

❶ 表布正面相對。

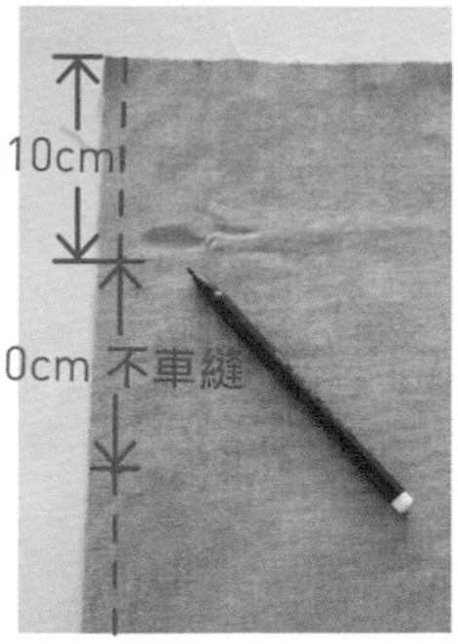

❷ 在左側取出中間 10cm 記號點，此段為返口不車縫。車縫左右兩側，底部不車縫。

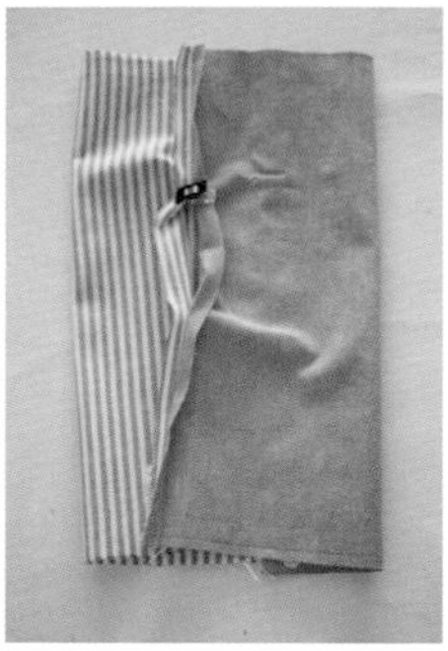

❸ 車縫後，將縫份燙開。

❹ 底部縫份線對齊。

❺ 將布拉平，沿布邊 1cm 車縫。

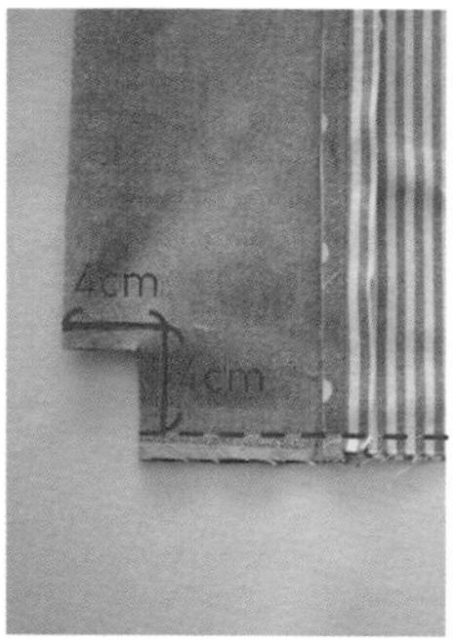

❻ a. 扣除縫份，兩邊袋底畫出 4*4cm 正方形。
b. 留 1cm 縫份，其餘正方形直接剪掉。

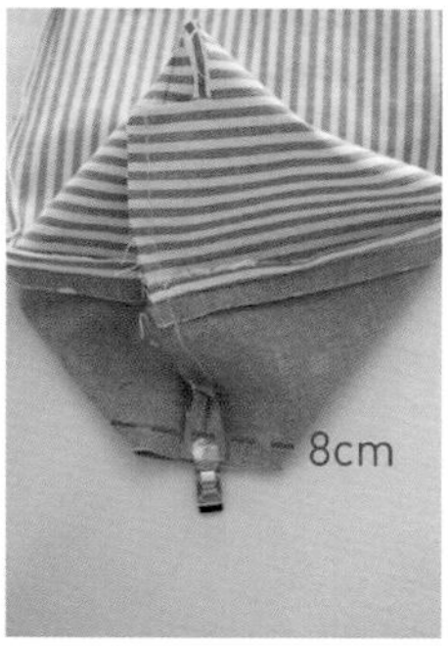

❼ 剪下方形後打開洞口，抓出袋底，車縫袋底 8cm。

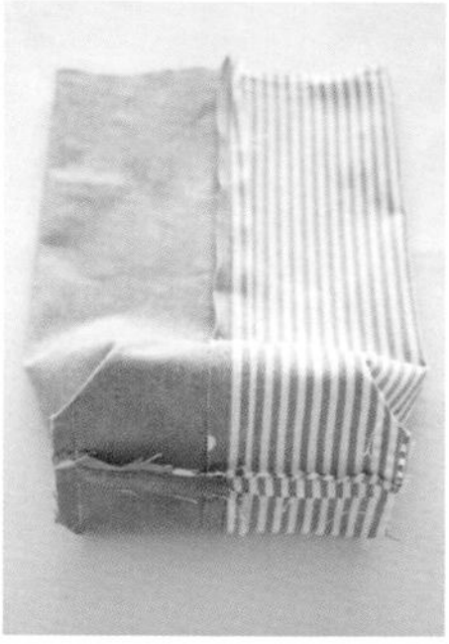

❽ 表布完成。

裏布：

❾ 裏布作法同表布如步驟❶～❽。

❿ 表布、裏布完成，縫份均打開。

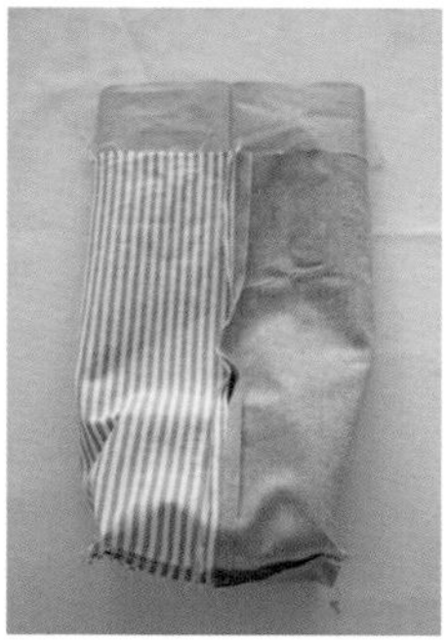

⓫ 將表布維持在背面，裏布翻至正面，正面相對套再一起（縫份線對齊）。

⓬ 袋口沿布邊 1cm 車縫一圈。

步驟 continue

⓭ 將裏布從表布洞口翻出。

⓮ 翻至正面，上方整燙好沿布邊 0.2cm 壓線。

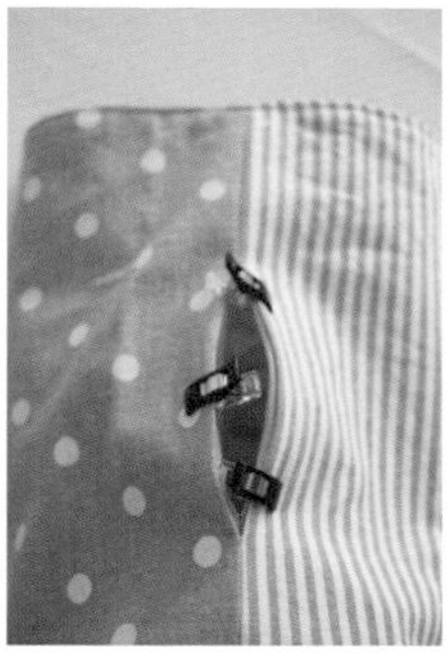

⓯ 表布、裏布洞口整理好，對齊後藏針縫固定。

⓰ 在袋口正面中央縫線處，距上方布邊 1cm 位置打洞。

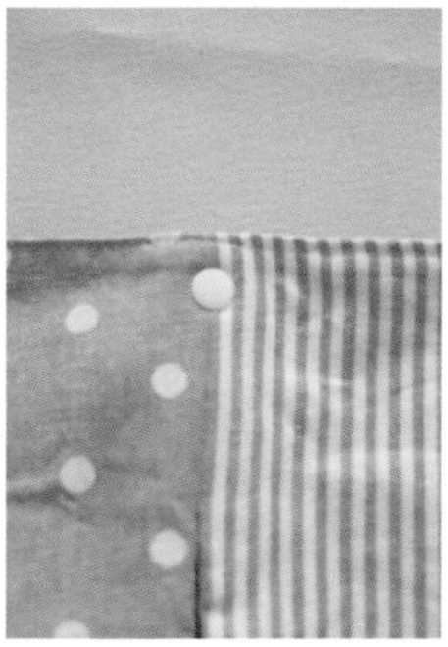

⓱ 安裝按壓式四合釦母釦。

可參考 P.12，技法 5

⓲ 在袋口背面中央縫線處，距上方布邊 1cm 位置打洞，安裝按壓式四合釦。

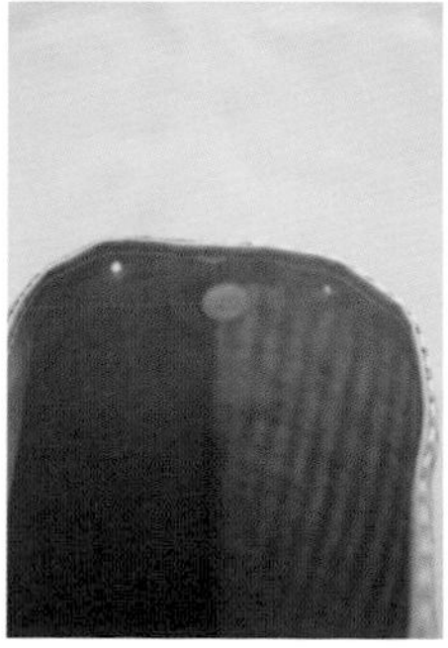

⓳ 在袋口背面內裏左右相對位置打洞。

⓴ 用固定釦安裝皮革提把，即完成。

可參考 P.9，技法 1

06

Bella's bag

旅人皮釦手機套。

材料（尺寸含縫份）

布｜
表布 13*16 cm — 2 片
裏布 13*16 cm — 2 片

前口袋｜
前口袋布 13*10 cm — 1 片
前皮革蓋子 11*10 cm — 1 片
前皮革細帶 55*0.2 cm — 1 條

揹帶｜
皮革釦帶 1.5*10 cm — 1 片
D 環 1.5 cm — 1 個
蝦勾 1.5 cm — 1 個
皮革揹帶 75*1 cm — 1 片
固定釦 8 mm — 1 組
四合釦 1cm — 1 組

利用皮繩帶出都會感，和亞麻布的手感形成獨特搭配。

步驟 let's get started

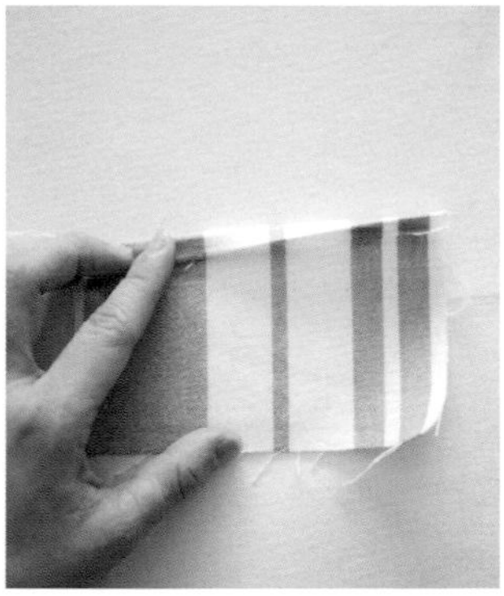

❶ 前口袋布長邊，往內折兩折，一折 1cm。

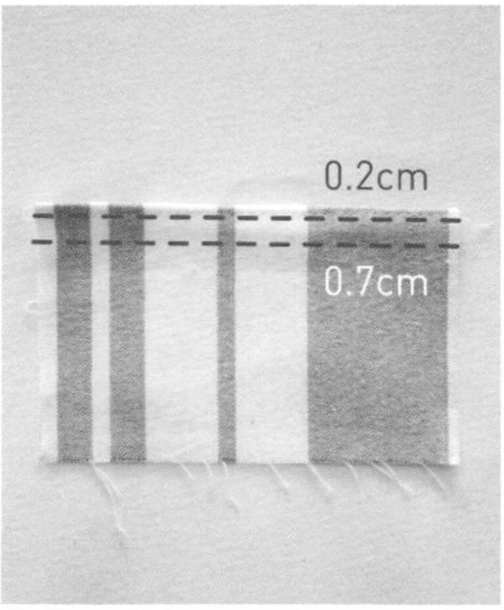

❷ 翻至正面沿布邊 0.2cm、0.7cm 壓線。

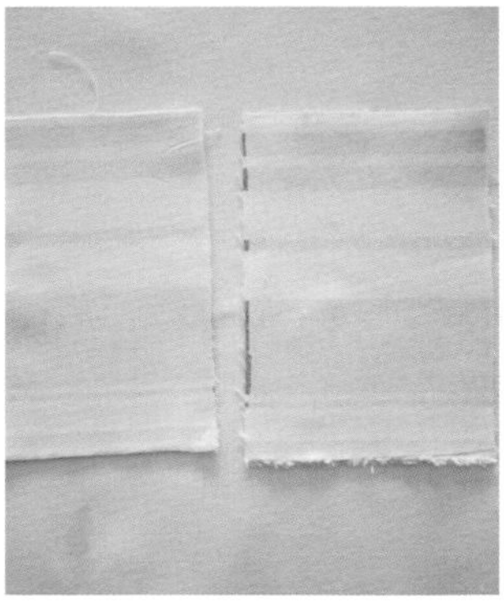

❸ 表布燙襯，襯含縫份。

TIPS

步驟❻的皮革細帶，可用手縫固定在表布喔。

步驟 continue

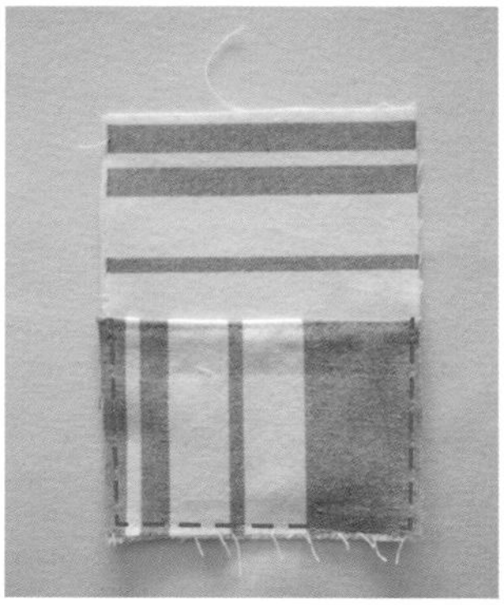

❹ 口袋布與表布下面三邊對齊，再車縫ㄩ字型。

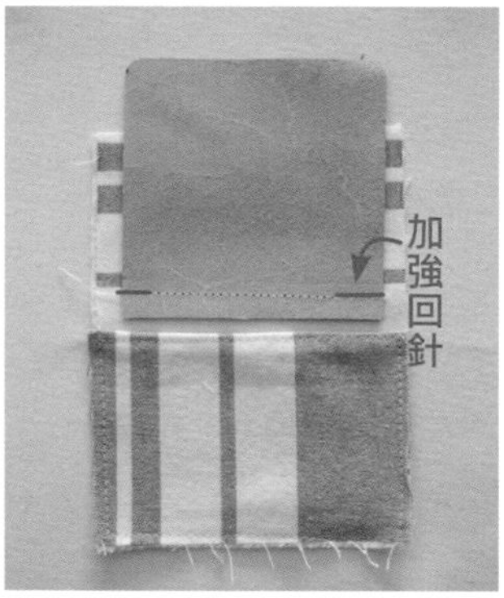

❺ 皮革距前口袋布約0.5cm的距離固定好，車縫一道直線。

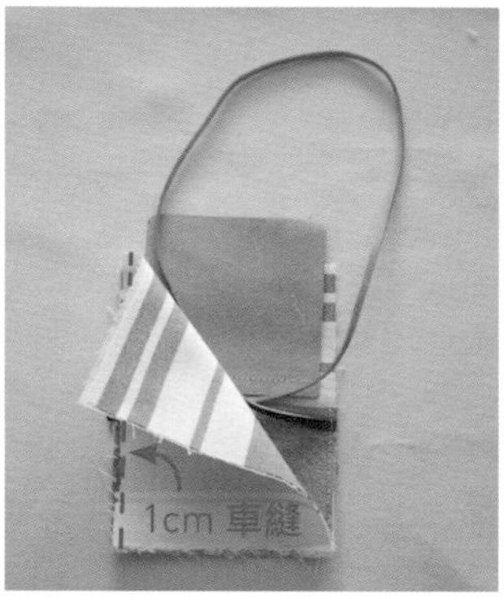

❻ 前皮革細帶一端先安裝在表布前口袋旁，再將另一片表布與其正面相對，沿「左邊」布邊1cm車縫。

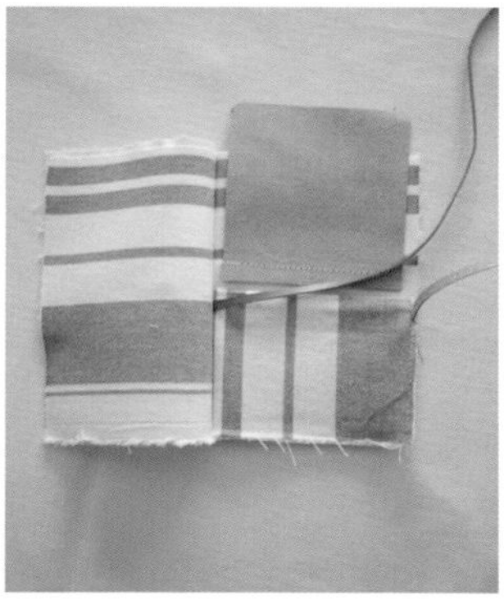

❼ 車縫完成後打開。

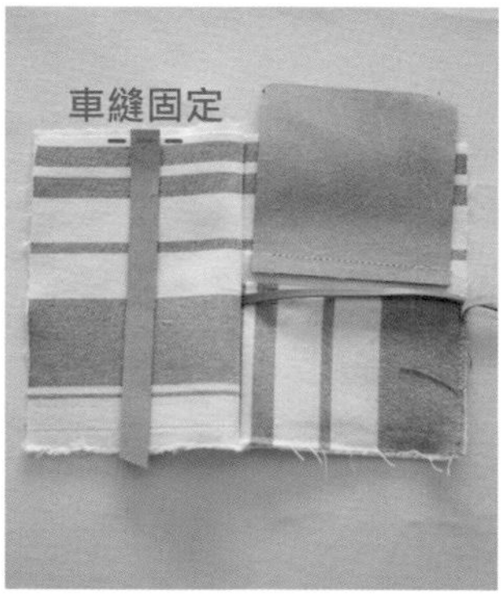

❽ 將皮革車縫在表布左邊上方正中間的位置。

❾ 兩片裏布正面相對，車縫左側1cm，再打開〈同步驟❻～❼表布作法〉。

TIPS

步驟⓯，可參考 p.9，技法 1。

步驟 continue

⓾ 表布、裏布正面相對，沿上方 1cm 縫份車縫。

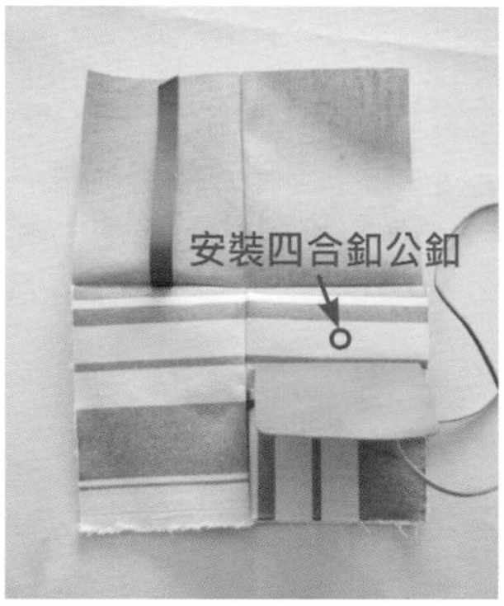

⓫ a. 車縫後打開。
b. 安裝四合釦公釦。

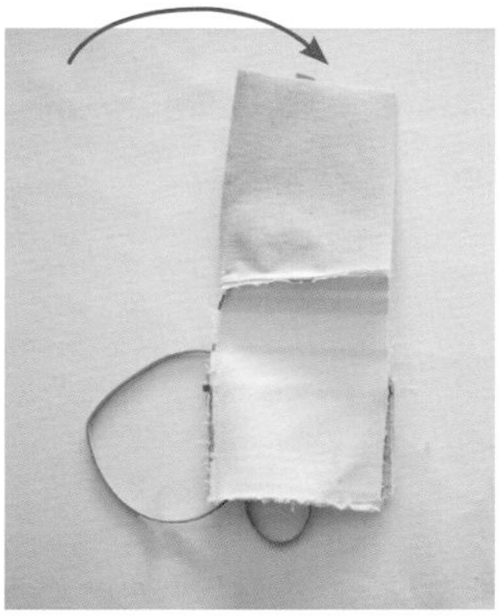

⓬ 左右對齊，對折。

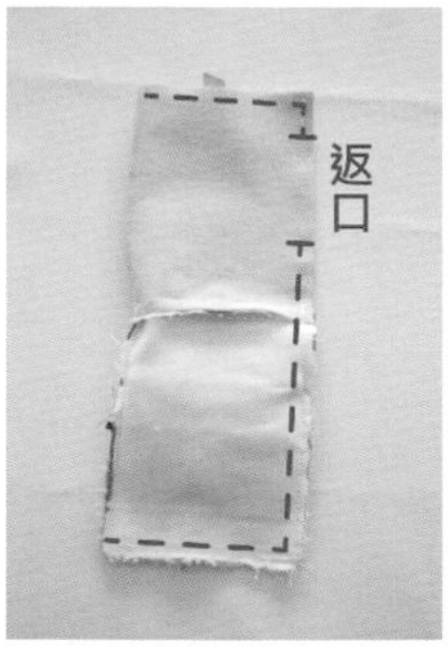

⓭ 裏布留下 8cm 返口，沿 1cm 布邊車縫右邊及下方。

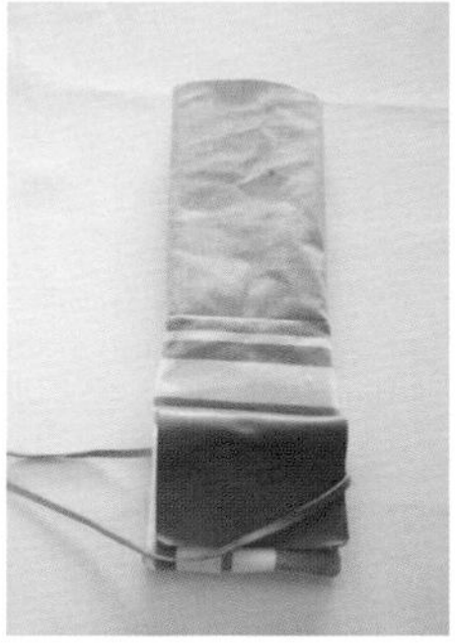

⓮ 從返口翻回正面，以藏針縫縫合返口。

⓯ 在皮革釦帶上先裝入 D 環，再將皮革釦帶修剪至適當長度（或對折加強厚度）於適當位置安裝四合釦母釦。

⓰ 將皮革揹帶安裝於蝦勾上，即完成。

07

Bella's bag

亞麻
隨身小袋。

材料 （尺寸含縫份）

布｜
表布燙布襯 45*57cm — 1 片（依版型）
裏布 45*57 cm — 1 片（依版型）

配件｜
固定釦 8mm — 8 個
皮革 38*1.5 cm — 2 條

輕便好配色，
做為午餐提袋
很適合。

步驟 let's get started

❶ 表布先燙襯後，依版型+1cm 縫份裁下。（可先於表布上車縫織帶等裝飾）。

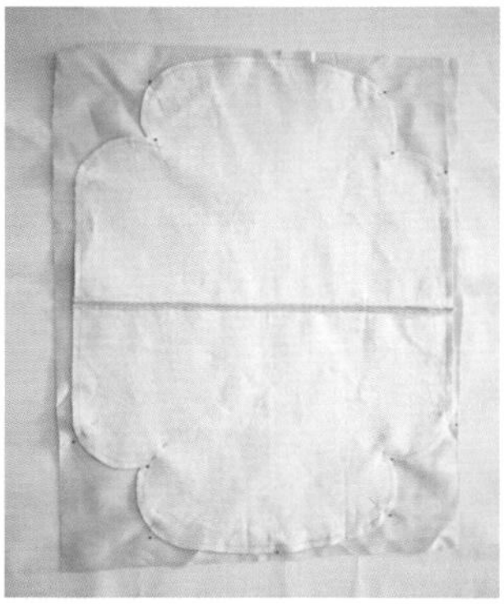

❷ 表布與裏布正面相對，用珠針固定，車縫一圈，在底部留約 10cm 返口。

❸ 圓角處都剪牙口。

❹ 內縮處剪長一點的牙口。

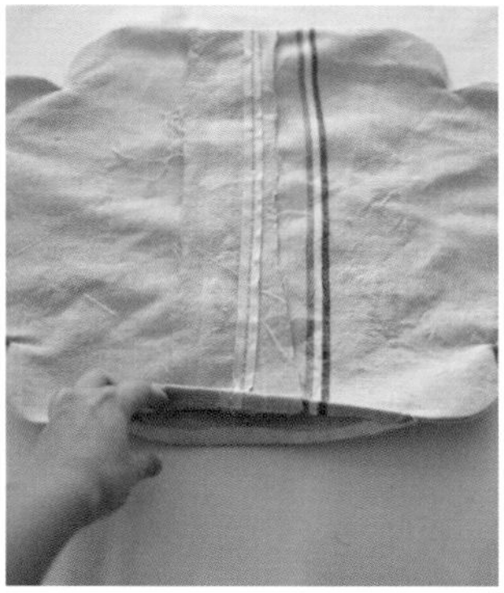

❺ 翻回正面，整理好返口。

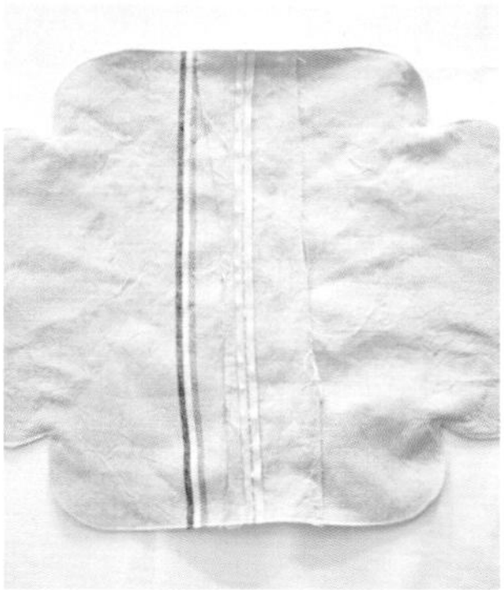

❻ 沿布邊0.2cm壓線1圈。

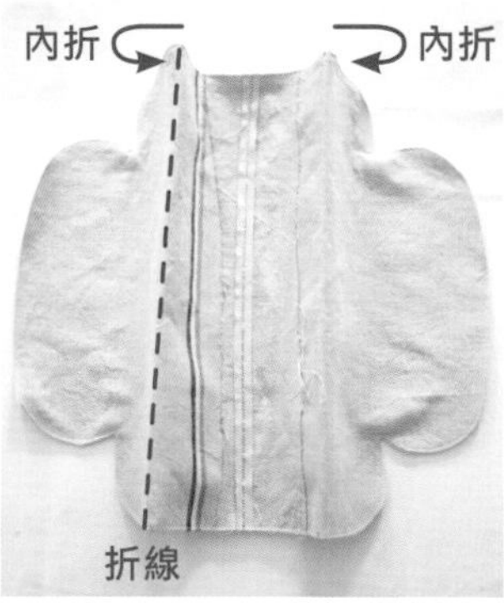

❼ 依版型記號線，摺出兩道折痕。

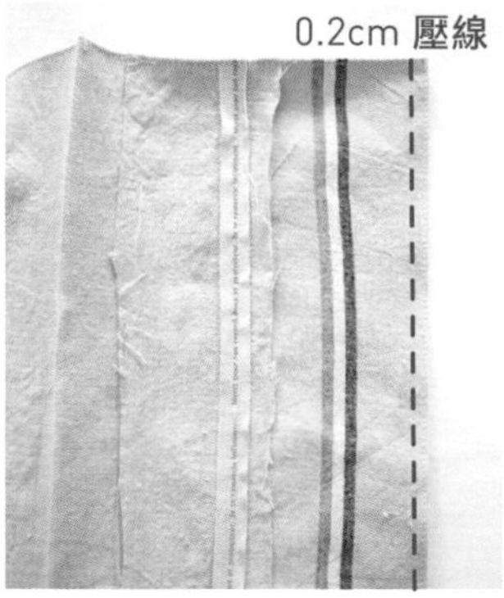

❽ 折痕處沿布邊0.2cm壓線。

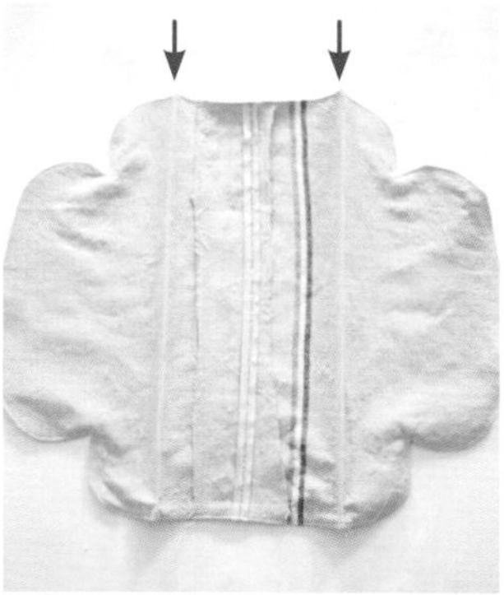

❾ 沿著折起處壓線2條。

TIPS

易皺是這款麻布的特性，不規則的皺紋顯得可愛！

步驟 continue

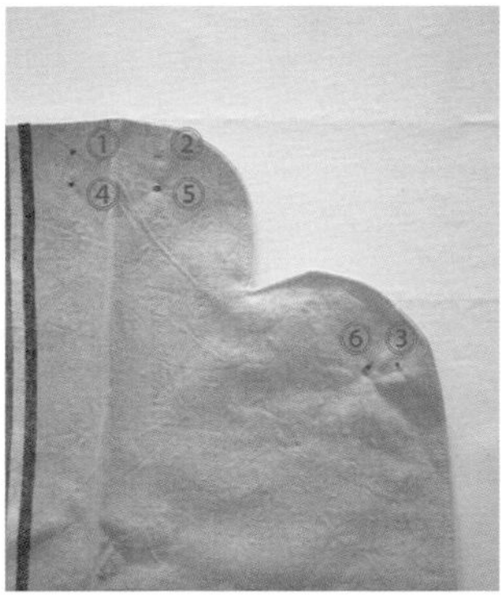

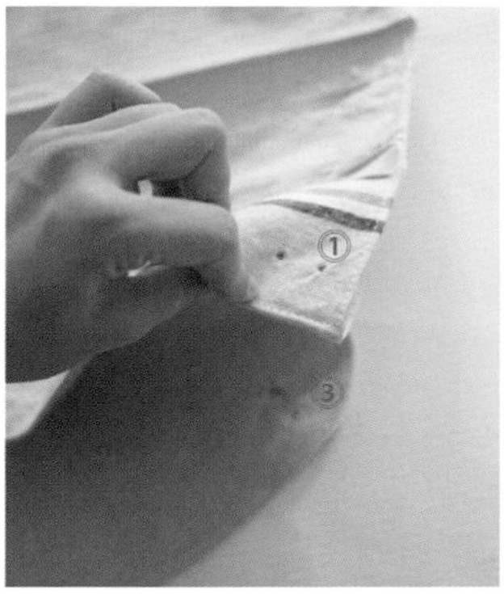

❿ 依版型上記號點位置，一共做出六個記號點。

⓫ 將 1.2 個洞口對在一起。

⓬ 再與下方洞口 3 重疊。4、5、6 洞口也要重疊。

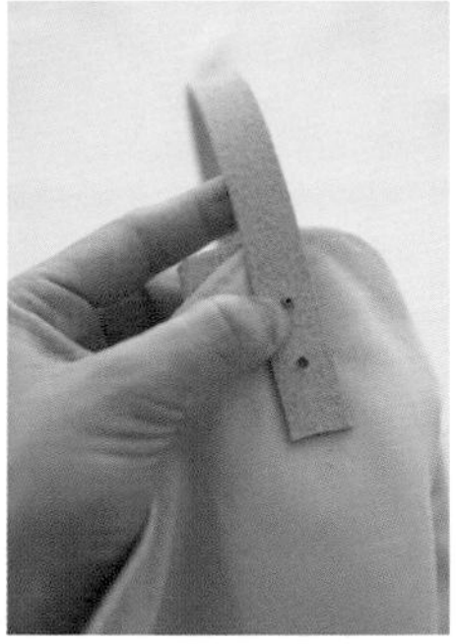

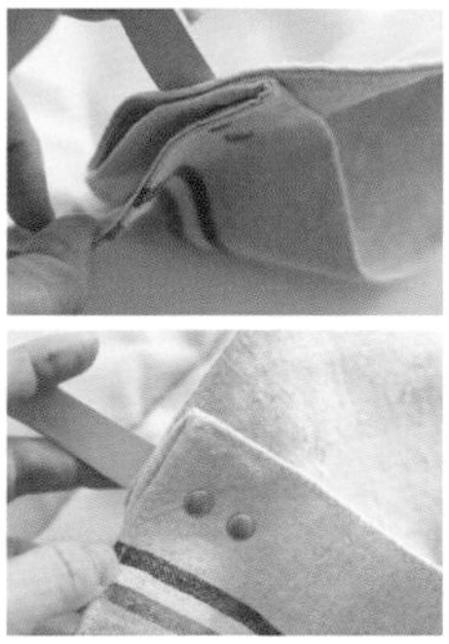

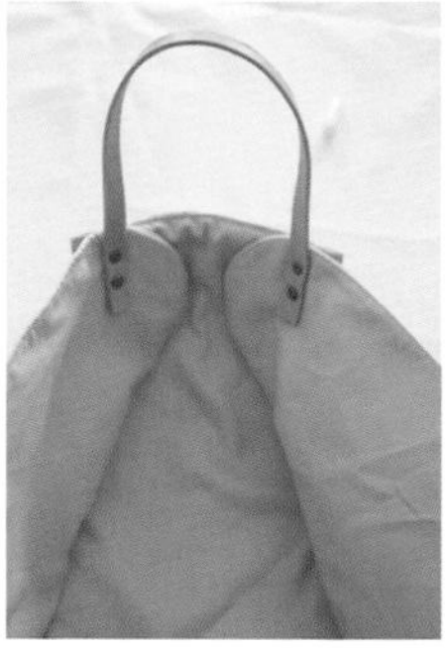

⓭ 先使用固定釦穿入上述洞口，再與皮革釘合。

可參考 P.9，技法 1

⓮ 釘合完成。

⓯ 其他三邊同步驟❿～⓮。

⓰ 正面。

08 KITE。凯特包。

Bella's bag

左右兩端可內折的設計，
讓使用上更富變化。

材料

布｜
表布 - 帆布版型（A）56*34cm — 2 片
表布 - 帆布口袋布（表口袋） 19*27cm — 1 片
表布 - 帆布版型（C）51*31cm — 2 片
裏布 - 帆布袋口布版型（B）56*10cm — 2 片（與表布同布）
裏布 - 花布版型（E）43*31cm — 2 片
裏布 - 帆布袋口布版型（D）6*22cm — 2 片（與表布同布）
裏布 - 花布版型（F）29*53cm — 2 片
口袋 - 花布內裏口袋 25*40 cm — 1 片
（如需增加可參考此尺寸）
提把 - 帆布 35*10cm — 2 片

零件｜
皮革 17*22 cm — 1 片
皮革 1.5*35 cm — 1 片
皮帶釦— 1 個
磁釦— 2 組

步驟 let's get started

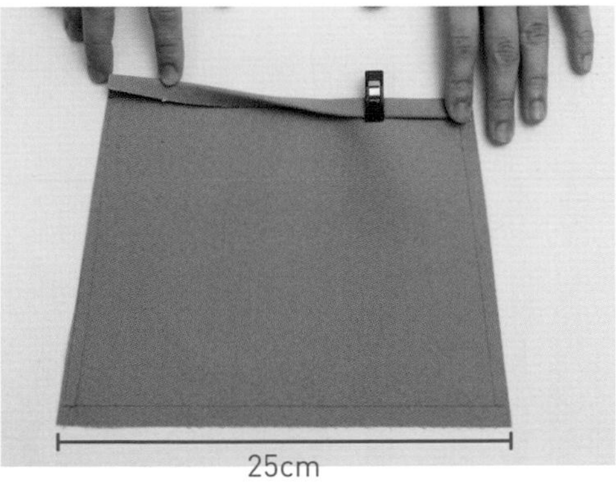

❶ 取出口袋布（22*25cm），上方內折 1cm2 次。

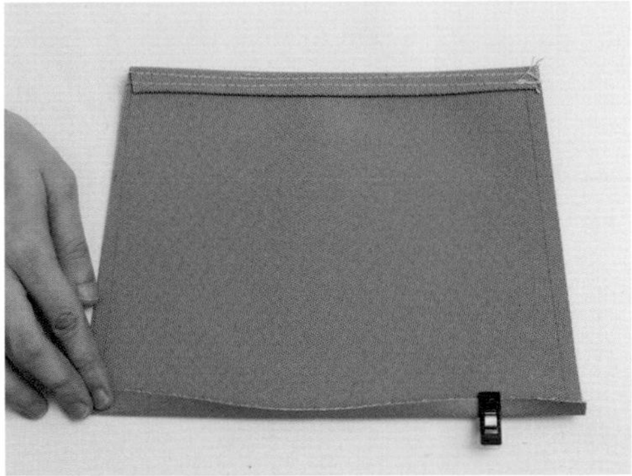

❷ 上邊沿布邊 0.2 與 0.7cm 車縫。下邊往內 1cm 摺一次。

TIPS

版型 A ～ F，均需加上 1cm 縫份。

步驟 continue

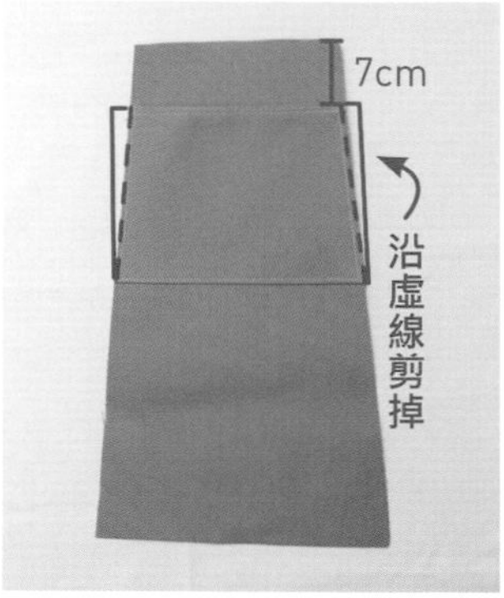

❸ 將口袋布固定表布 C 上，口袋上方距布邊約 7cm 的位置，並將口袋修剪成與表布 C 同寬。

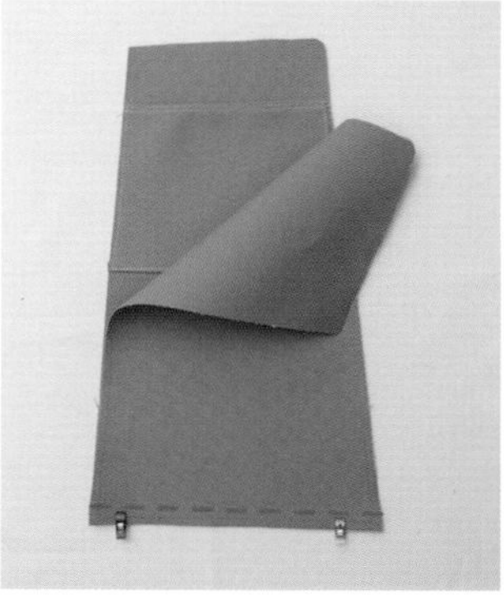

❹ 兩片表布 C 正面相對固定，長邊沿布邊 1cm 縫份車邊。

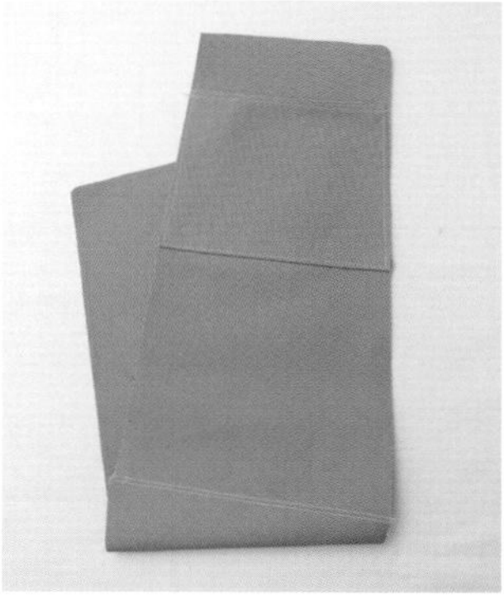

❺ 縫份燙開後，縫份兩邊壓線 0.2cm。

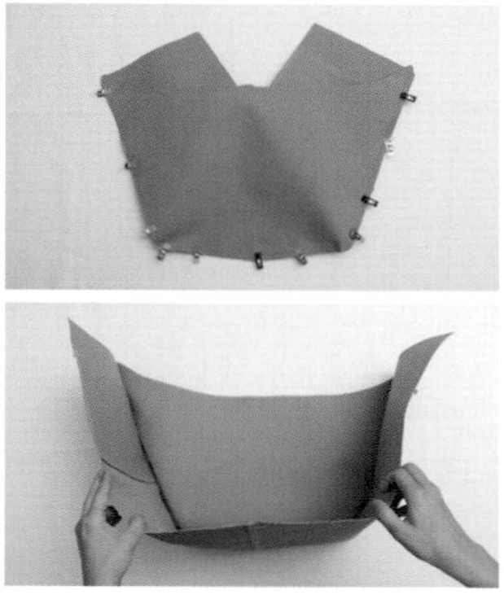

❻ 表布 A 與表布 C 布邊正面相對，用夾子固定後車縫三邊（縫份 1cm）。

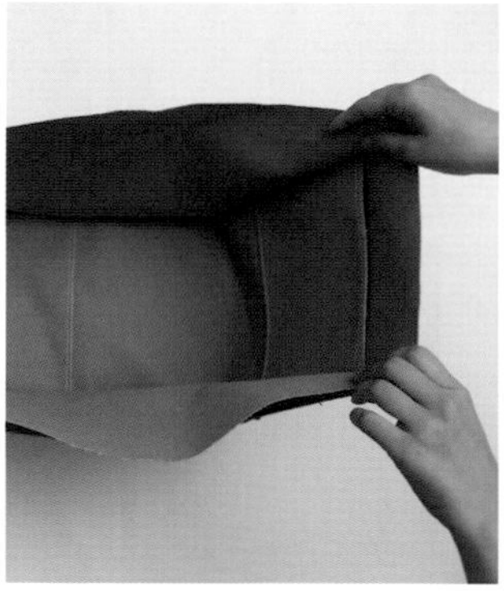

❼ 車縫完一邊後，另一邊也一樣固定後車縫。

❽ 先將皮革條車縫在皮片正中心位置。再將皮片車縫在「有口袋的表布 C」袋口處。

步驟 continue

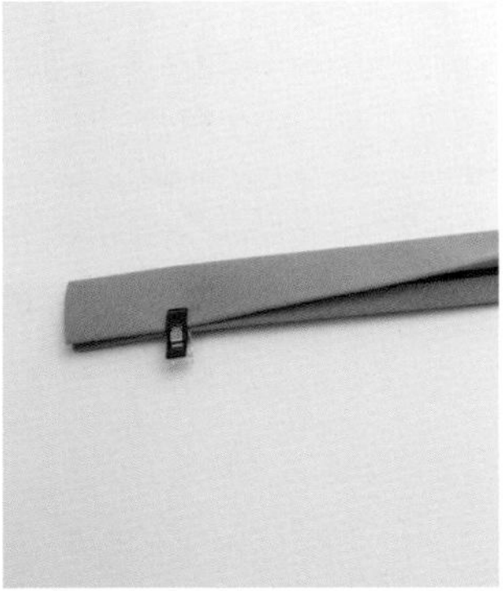

❾ 先將提把布兩邊內摺 1 cm 之後再對折，兩邊分別沿布邊 0.2cm 壓線。

❿ 將提把車縫在表布 C 兩側。

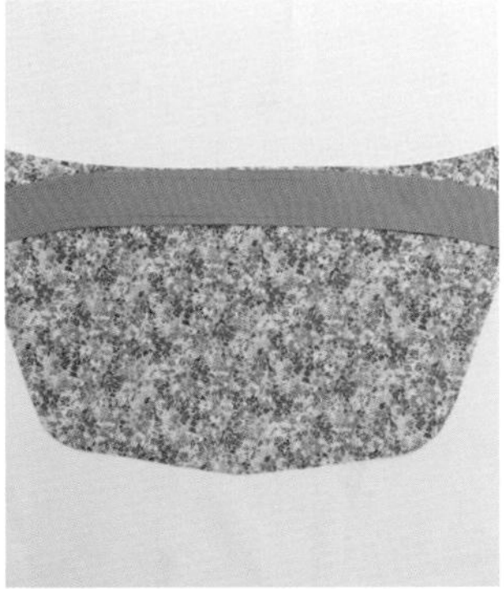

⓫ 取出袋口布 B 與內裏 F，弧度布邊正面相對，布邊對齊用珠針固定後車縫（縫份 1cm）。

⓬ 車縫好後，縫份倒向袋口布 B，再壓線 0.2cm。

⓭ 袋口布 D 與裏布 E 正面相對，布邊對齊後沿縫份 1cm 車縫。

⓮ 縫份倒向花布並壓線 0.2cm。

TIPS

步驟⓯，裏布口袋布可依使用需求決定高度。

步驟 continue

⓯ 裏布袋口布接合後車縫內裏口袋，底部（長邊）沿 1cm 縫份車縫，縫份打開（正中間位置留約 15cm 返口）。

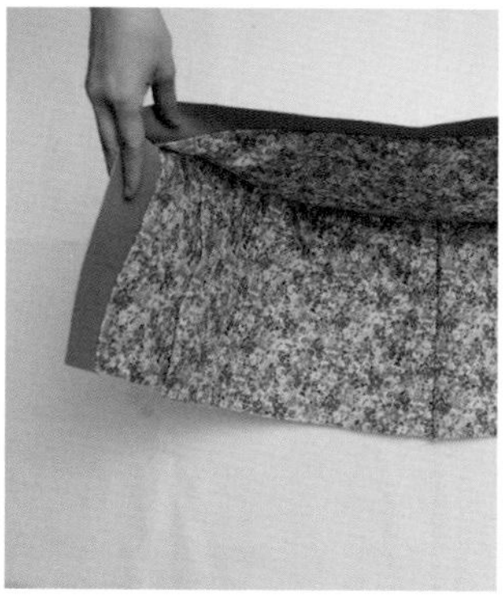

⓰ 裏布接合車縫。

⓱ 另一邊也照樣車縫完成。

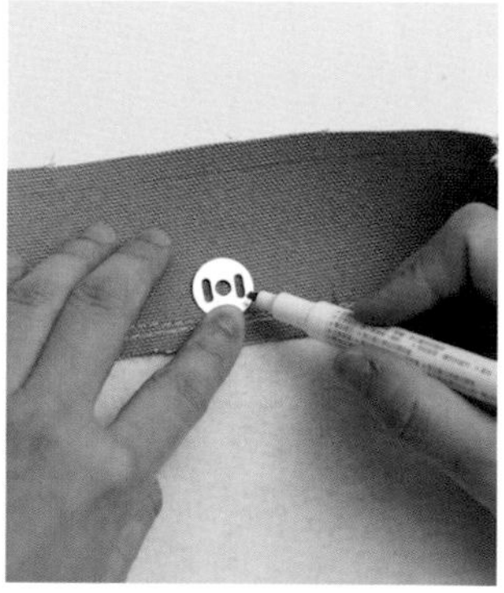

⓲ 安裝磁釦。

可參考 P.12，技法 4

⓳ 四邊安裝好磁釦。

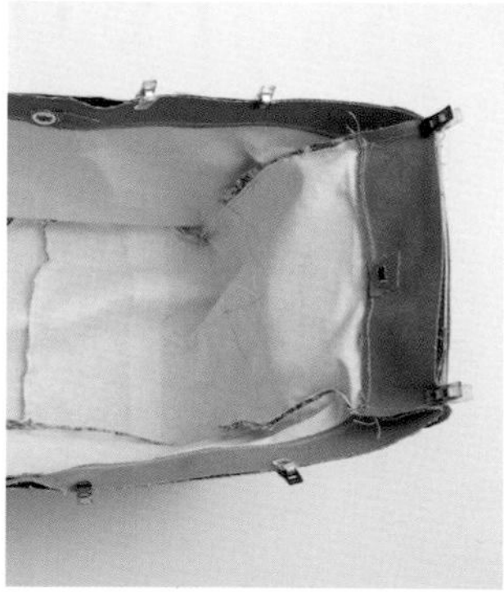

⓴ 表布與裏布正面相對套在一起，袋口車縫一圈，由返口翻回正面。

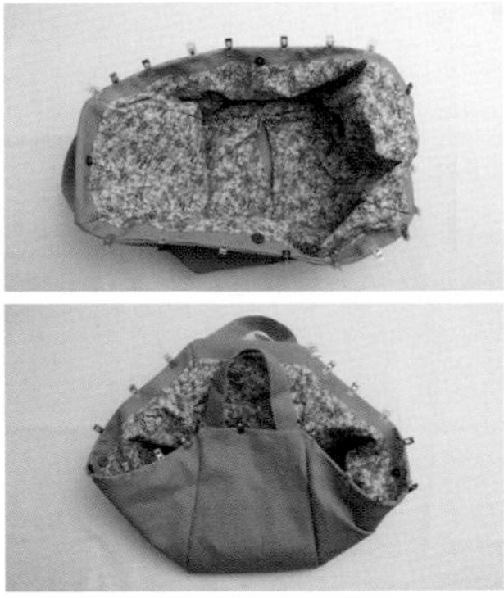

❷❶ 將布邊整理好，並用夾子固定。

❷❷ 袋口沿布邊 0.2cm 壓線。

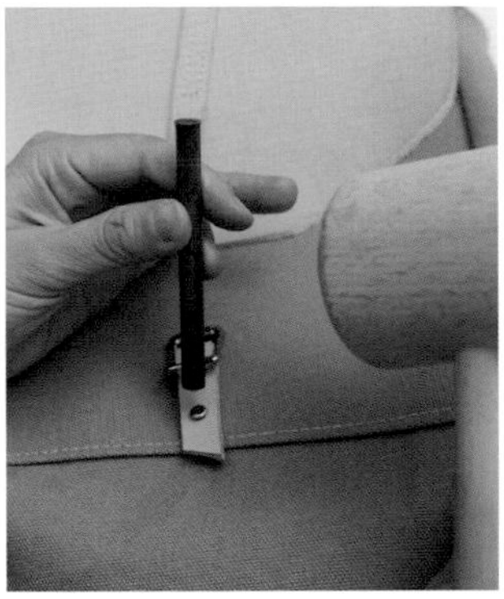

❷❸ 安裝皮帶釦，將皮革打洞後套入皮帶釦，再用固定釦固定在表布適當位置。將 1.5*35cm 皮革尾端打洞，穿過皮帶釦即完成哦！

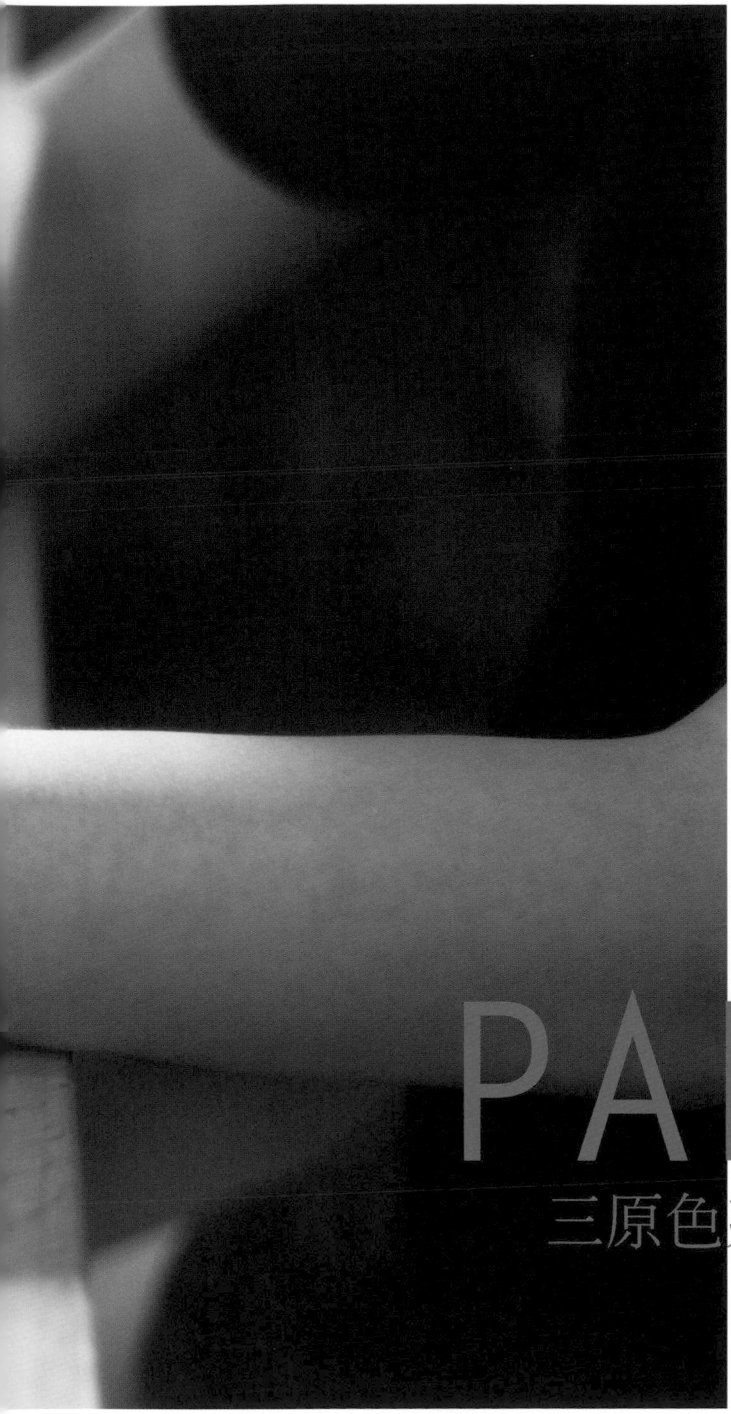

PART 2

三原色系列

09

Bella's bag

暖黃皮釦零錢包。

材料（尺寸含縫份）

布｜
表布直徑 21cm 圓型— 1 片
裏布直徑 21cm 圓型— 1 片

襯｜
布襯 18*18cm — 2 片（依版型）

提帶｜
蕾絲 1 片
皮革 12*1cm — 1 條
四合釦 1cm — 1 組
固定釦 8mm — 1 組

步驟 let's get started

❶ 將布襯依版型裁下（襯不需含縫份），燙在表布及裏布正中心位置（邊緣留下 1cm 縫份）。

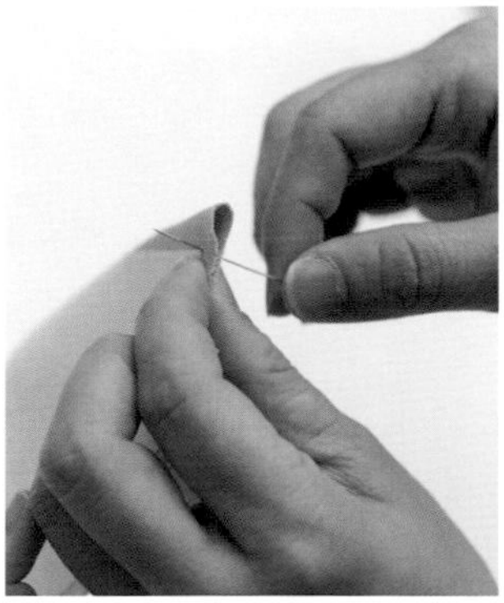

❷ 將布襯缺口處抓摺，沿布襯邊緣用珠針固定。

❸ 四邊都車縫，表布、裡布同作法（左邊裏布、右邊表布）。

步驟 continue

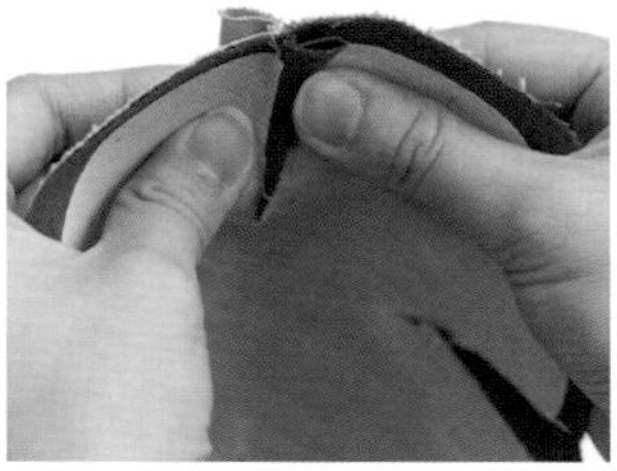

❹ 表裏布正面相對，將四個角的縫分線對齊，縫分左右錯開，用珠針固定。

❺ 車縫一圈，留下返口約8cm。

❻ 留返口，其餘用剪刀剪一圈鋸齒（返口不用剪）。

❼ 翻回正面，沿縫份0.2cm壓線一圈，將返口車縫。

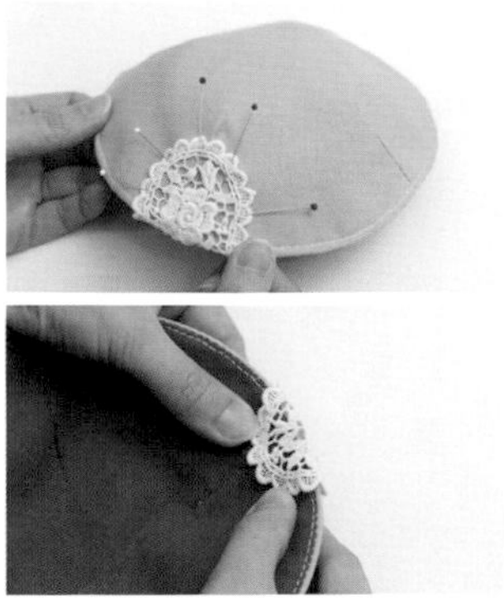

❽ 以其中一條線為中心，將蕾絲固定在布上。

❾ 將蕾絲車縫固定。

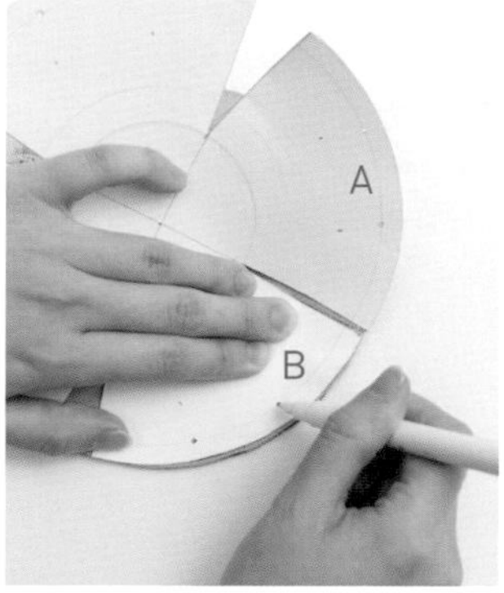

❿ 在表布畫上版型上的記號點。

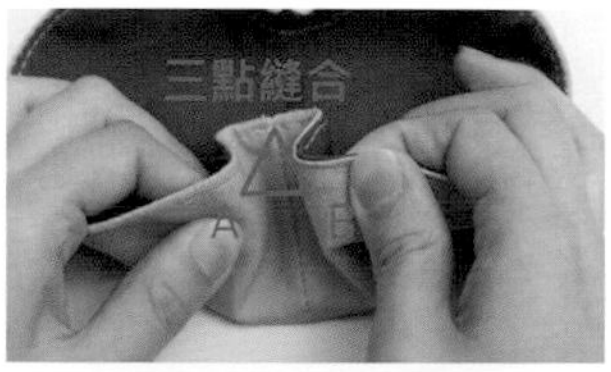

⓫ A、B兩個點對齊，先用捲針縫固定，再與前方縫份線捲針縫合，三點縫合。

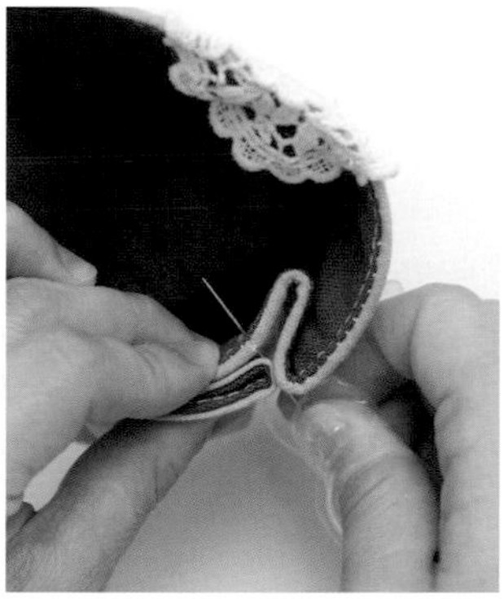

⓬ 剩餘兩邊也同樣做法，共縫合三邊（蕾絲那面不需縫合）。

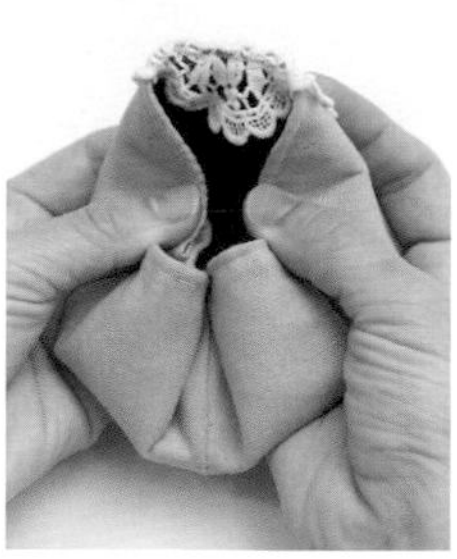

⓭ 縫好後，兩側壓下。

⓮ 蓋上的樣子。

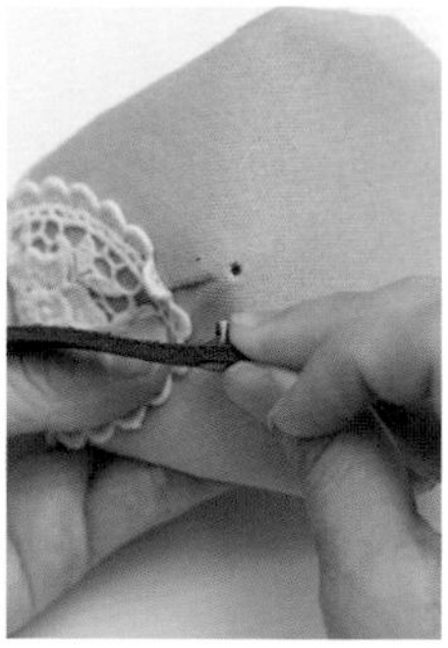

⓯ 用固定釦，在蕾絲後方裝上皮革。

⓰ 正面安裝四合釦，完成。

10
Bella's bag

英倫藍
皮革手機套。

材料（尺寸含縫份）

布｜
藍色表布 17*12cm — 2 片（依版型）
白色裏布 17*12cm — 2 片（依版型）

皮革｜
白色 15*8cm — 1（依版型）

零件｜
書包插釦—1 組

步驟 let's get started

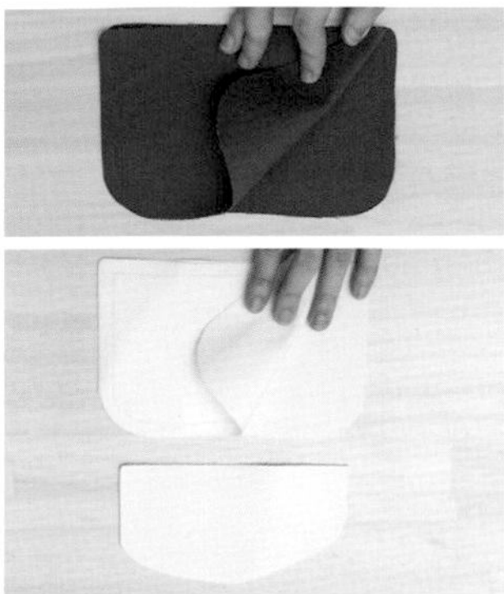

❶ 表布 2 片與裏布 2 片，依版型 + 縫份 1cm 剪下，正面相對。

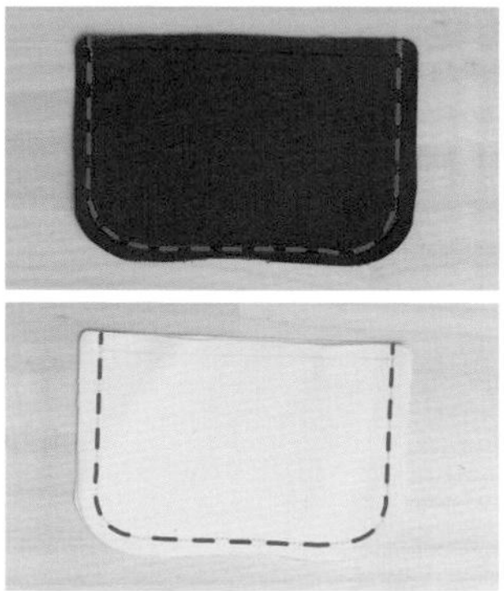

❷ 車縫三邊ㄩ型，開口皆不縫。

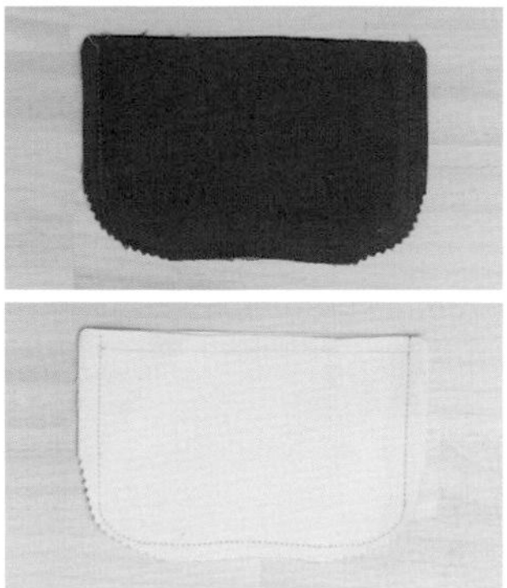

❸ 表、裏布兩底角弧度皆剪牙口。

❹ 將皮革放入表布內，正面相對，布邊對齊，車縫固定。

❺ 白色內袋與藍色表布正面相對，套入布邊對齊車縫一圈，前方留 10cm 返口。

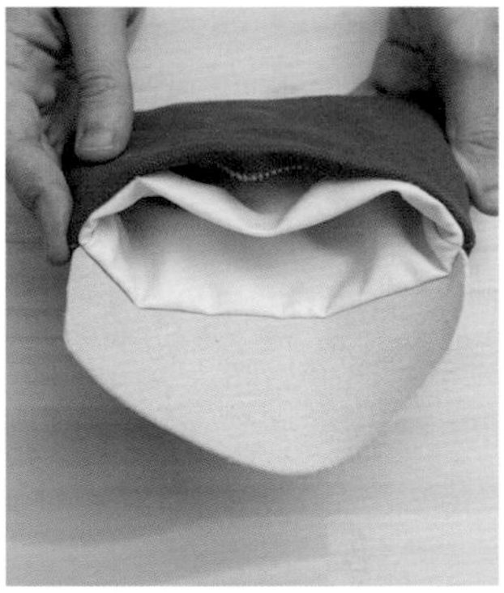

❻ 完成後，翻回正面。

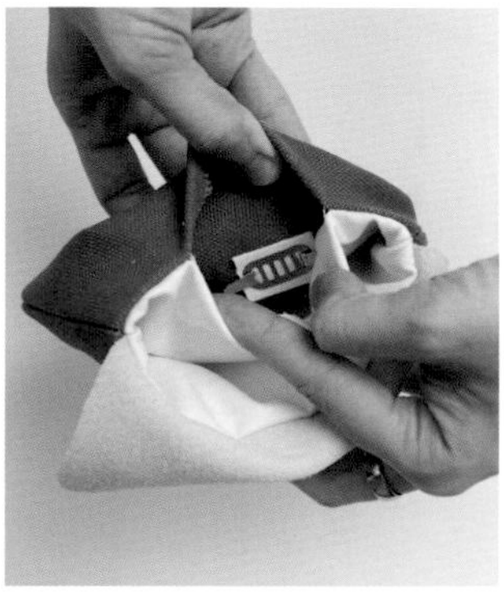

❼ 確認適當位置後，安裝插釦，插釦蓋片由返口處放入內裏安裝。

❽ 最後，再安裝插釦，藏針縫縫合返口。

11

Bella's bag

旅人紅
平板電腦包。

材料 （尺寸含縫份）

表布可用自己喜愛的顏色替換！

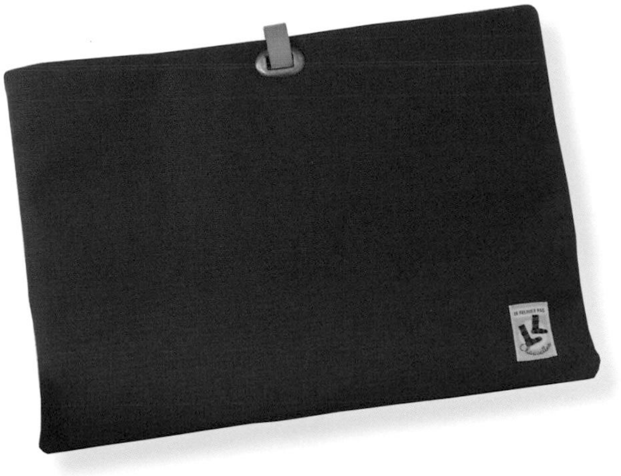

表布｜
表布帆布 38*28cm — 2 片

裏布｜
棉布 38*54cm — 1 片
舖棉 36*52 cm — 1 片

提袋｜
皮革 15*2 cm — 1 條
固定釦 1cm — 1 個
轉釦組— 1 組（只需框）
四合釦 1cm — 1 組

步驟 let's get started

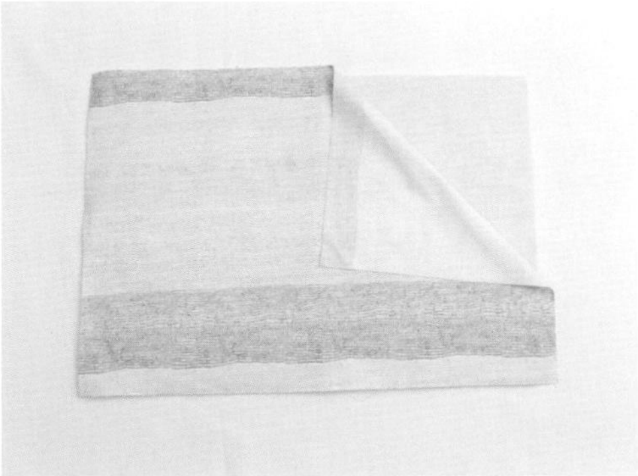

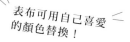

❶ 鋪棉置中於內裏棉布（上下左右各留下 1cm 縫份）。

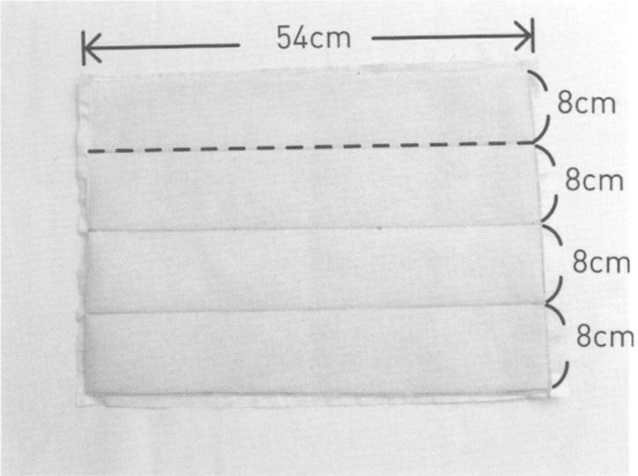

❷ 將鋪棉與棉布車縫在一起，約間隔 8cm 壓線固定。

TIPS

步驟❹注意！兩底部記得剪斜角喔！

步驟 continue

❸ 表布縫上布標裝飾後，正面相對。

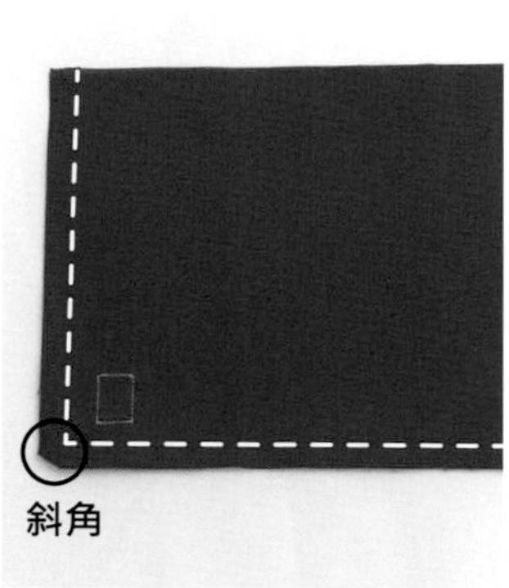

❹ a. 車縫ㄩ型。b. 底部 2 邊剪斜角。

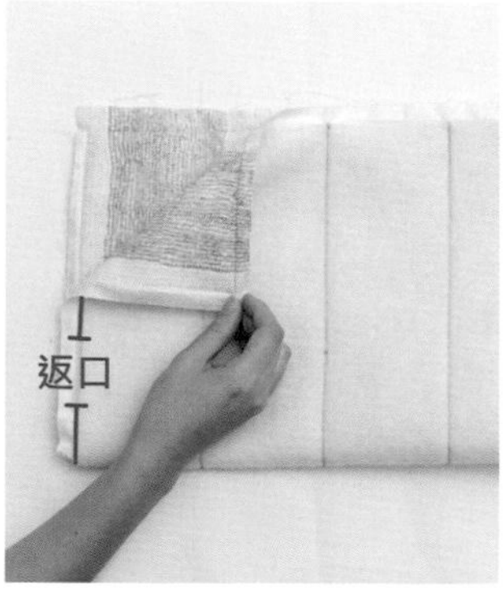

❺ 棉布正面相對，車縫左右兩側，在左側留 10cm 返口。

❻ 車縫好後，翻回正面。

❼ 將裏布與表布正面相對套入、側邊縫份線要對齊，袋口沿 1cm 縫份車縫一圈。

❽ 由返口翻回正面整燙。

❾ 在包包正面，依轉釦框描出洞口位置。

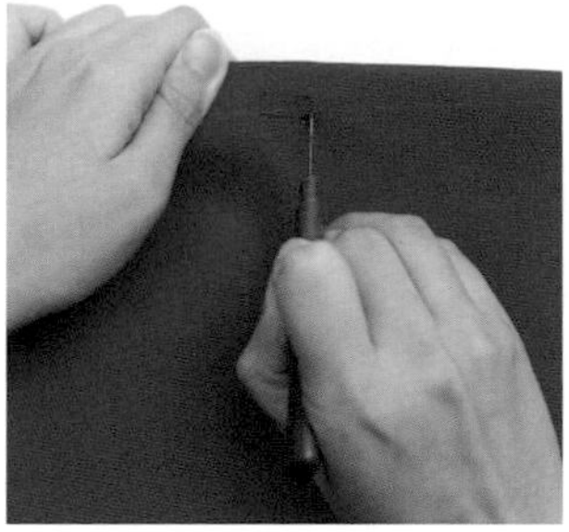

❿ 沿線將割開洞口。

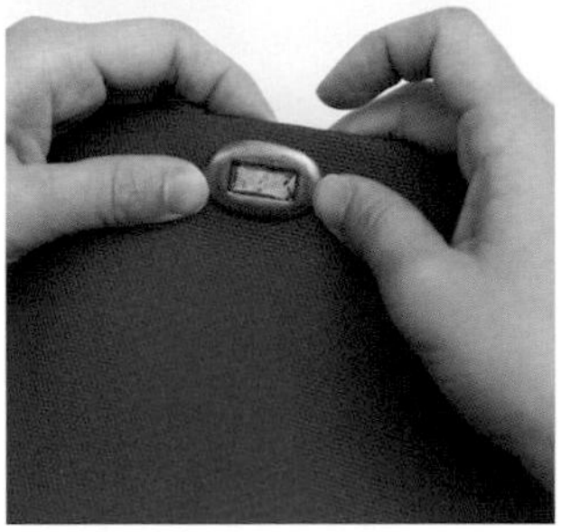

⓫ 裝上轉釦框。

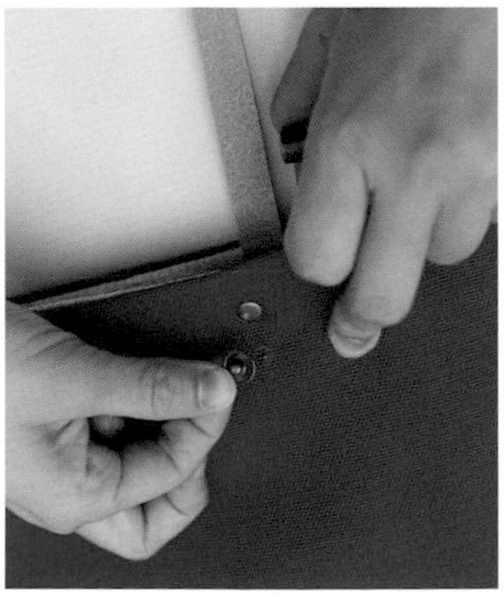

⓬ 包包背面，用固定釦將皮革安裝在內裏置中位置，固定釦下方再安裝四合釦公釦。

⓭ 皮革穿過正面轉釦洞口後，再安裝四合釦母釦。

⓮ 四合釦扣住，即完成。

城市人
紅色郵差包。

材料 （尺寸含縫份）

表布袋身｜
紅色八號帆布（袋身）32*27 cm一2片（版型A）
紅色八號帆布（袋底）12*80 cm一1片
紅色八號帆布（蓋子）30*21 cm一1片（版型B）
白色帆布（蓋子）30*21 cm一1片（版型B）
紅色帆布斜邊條（蓋子）74cm一1片（版型B）

前口袋｜
紅色八號帆布（前口袋）25*21 cm一1片（版型C）
紅色碎花布（前口袋）25*21 cm一1片（版型C）
紅色八號帆布（前口袋邊條）67*5 cm一1片
紅色碎花布（前口袋邊條）67*5 cm一1片
紅色碎花布（滾邊條）37*4cm一1片

裏布袋身｜
白色帆布（裏布袋身）32*27 cm一2片（版型A）
白色帆布（裏布袋底）12*80 cm一1片
紅色碎花（內裏口袋）32*50cm一1片
（貼一半襯）

揹帶｜
10*120cm一1條（依個人需求調整）

皮革｜
咖啡色皮革22*1.5cm一2條
咖啡色皮革釦帶2.5*20cm一1條

零件｜
撞釘式磁釦12mm一1組
珠釦0.6cm一2組
四合釦1cm一1組
固定釦0.8cm一5組
雞眼釘0.6 cm一4組
人字織帶包邊條70*2.5cm一1條

步驟 let's get started

前口袋：

❶ 前口袋布「背面」相對。（注意：前口袋版型上方不需加0.7cm縫份，其餘3邊均需加喔！）

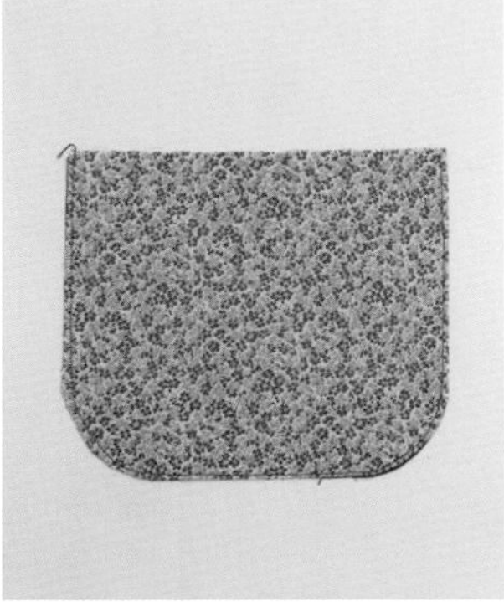

❷ 沿布邊0.5cm車縫一圈。

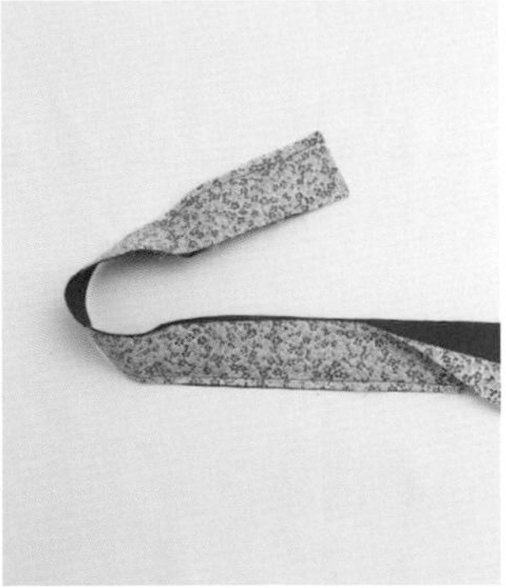

❸ 製作前口袋邊布。將67*5口袋邊條布正面相對，沿布邊0.5cm車縫一邊。

TIPS

步驟❽，使用的人字織帶包邊條，是很方便的收邊素材！

步驟 continue

❹ 翻至正面，先對折後再整燙。

❺ 整燙好後，將未縫合的一邊沿布邊 0.5cm 疏縫固定。

❻ 與口袋布正面相對，沿布邊 0.5cm 車縫ㄩ型。

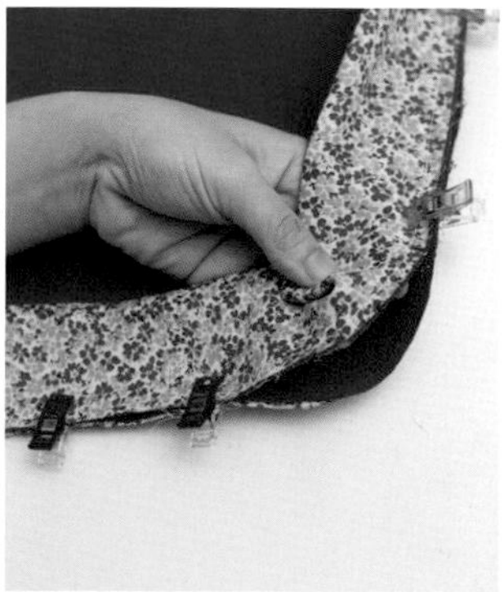

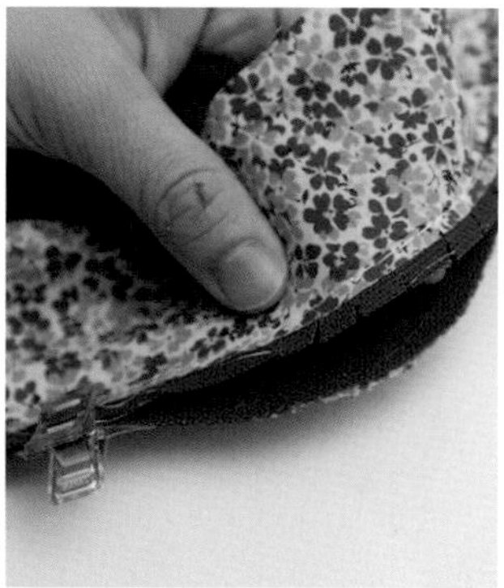

❼ 邊條布在圓弧的地方用剪刀剪出牙口。

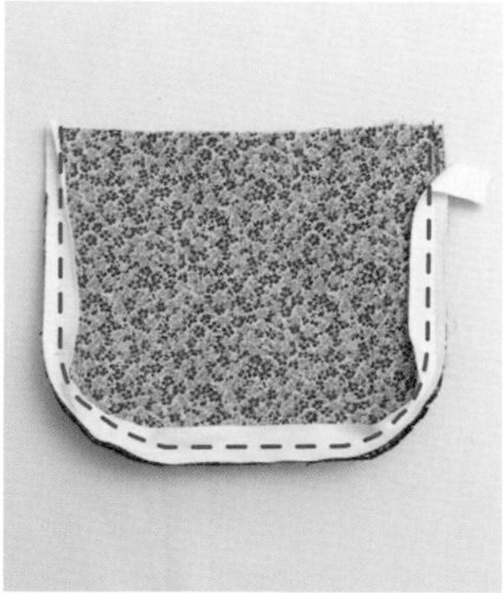

❽ 將包邊條與布邊對齊，沿縫份 0.5cm 車線ㄩ型。

TIPS

步驟❿，可使用滾邊器將滾邊條燙出摺痕喔！

步驟 continue

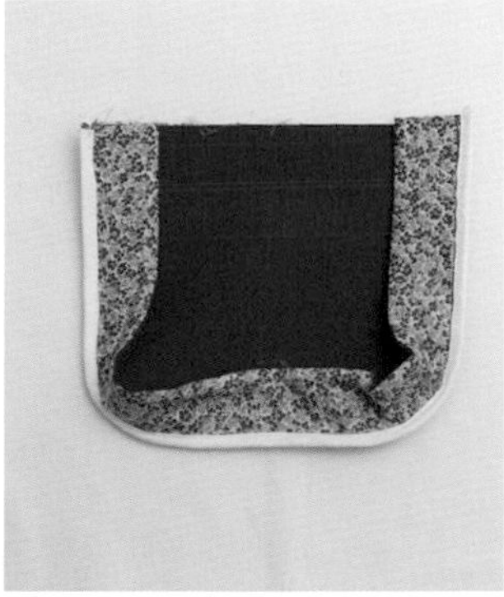

❾ 將包邊條折至背面，沿縫份 0.5~0.7cm 車縫包邊條。

❿ 翻至內裏，滾邊條與袋口對齊用夾子固定，沿 0.7cm 車縫一直線。

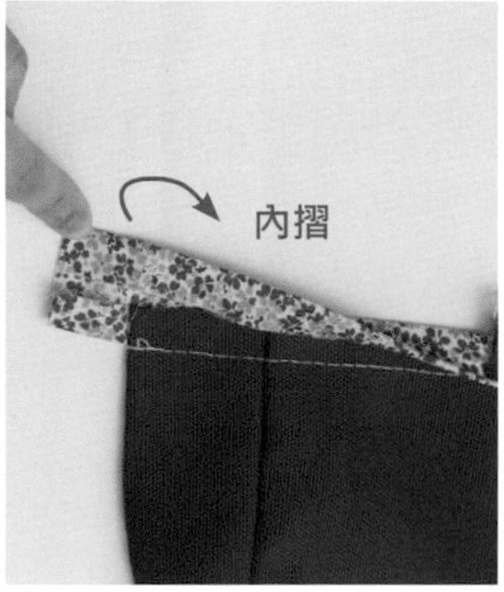

⓫ 翻至正面，滾邊條兩側往內摺至對齊袋口，整理好。

⓬ 布邊往內折。

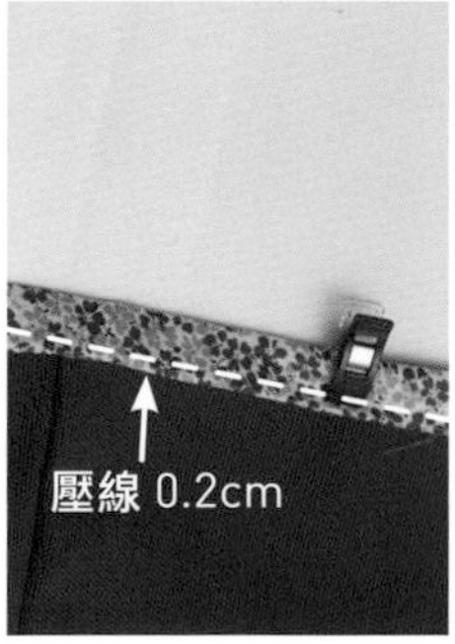

⓭ 正面壓線 0.2cm 固定。

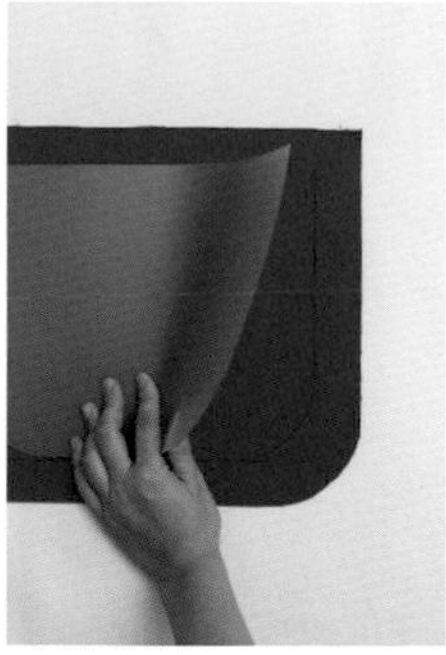

⓮ 依照「版型 c」，在包包上畫上口袋位置記號線。（上下左右均為置中位置）

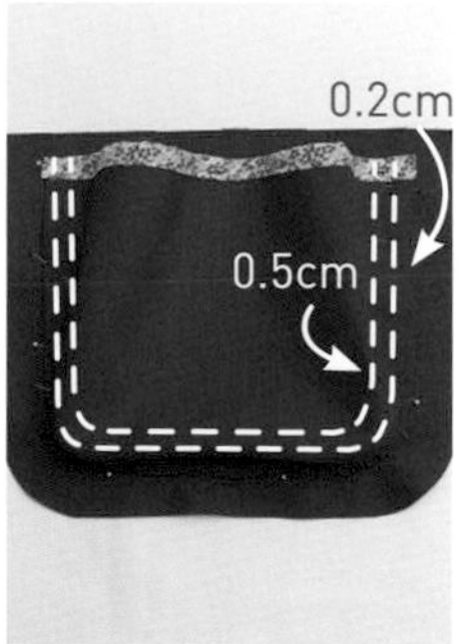

⓯ 將前口袋布邊對齊版型 C 的記號線，用珠針固定。沿布邊 0.2cm 與 0.5cm 將前口袋車縫在表布上。

TIPS

步驟⓲（上），手折帆布滾邊條，為對折取出中線。兩側再內折，對齊中線，即出現三條折痕。
步驟⓲（下），轉彎處滾邊不要拉緊，要放鬆喔！

步驟 continue

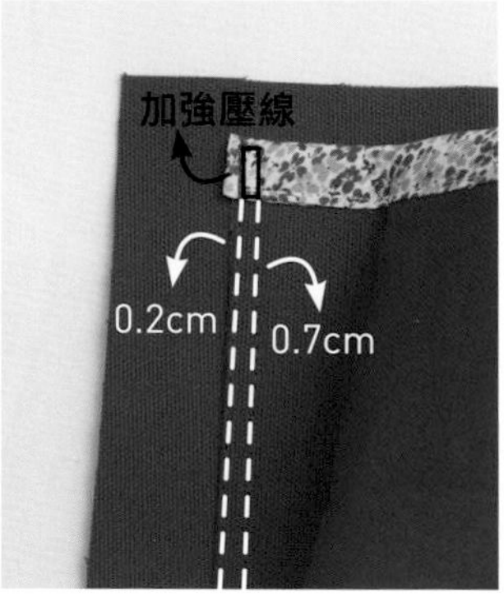

⓰ 口袋兩邊各車縫兩道加強壓線。

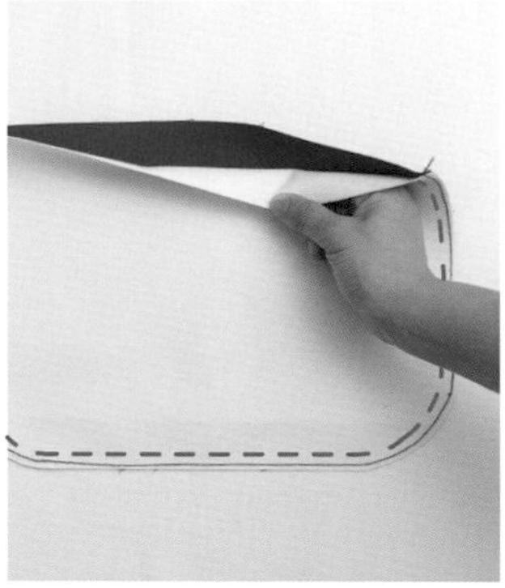

⓱ 蓋子背面相對，布邊車縫 0.5cm ㄩ型，袋口上方不車逢。

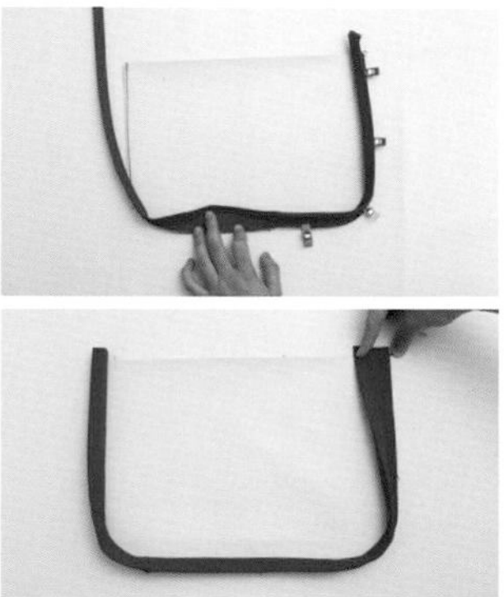

⓲ 紅色帆布滾邊條與蓋子內裏布布邊對齊，帆布沿布邊車縫 0.7cm。

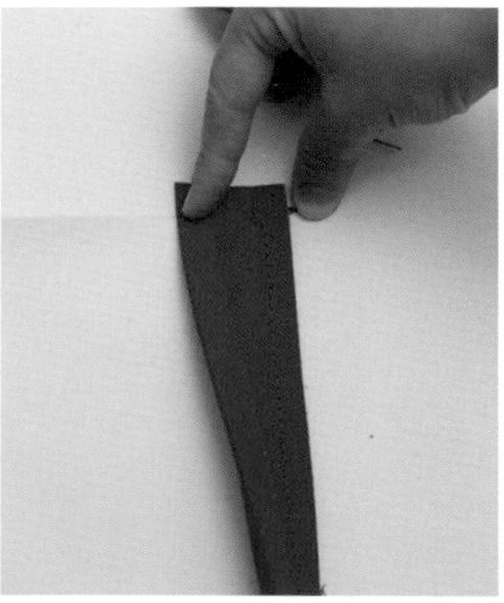

⓳ 車縫後，剪掉上緣多餘的滾邊條。

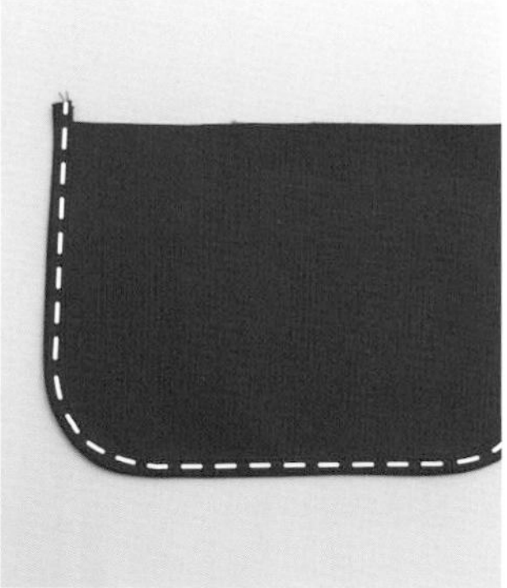

⓴ 翻回正面壓線一圈，備用。

㉑ 將表布袋底與袋身用強力夾固定，遇到轉彎處時，袋底布於轉彎處剪牙口。

TIPS

步驟㉑，轉彎處剪牙口能讓彎曲的角度較美麗喔！

步驟 continue

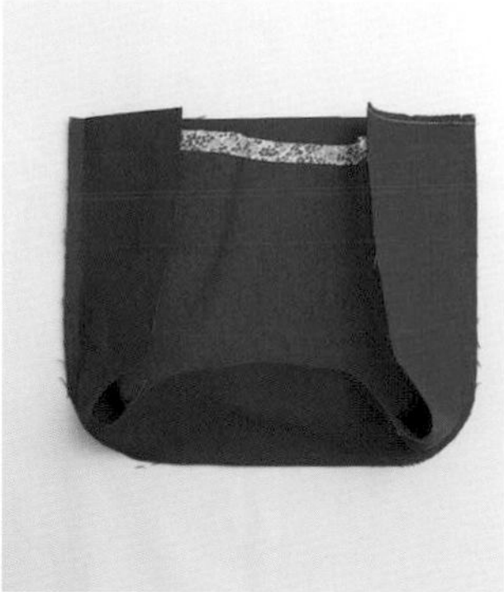

㉒ 沿布邊0.7cm車縫ㄩ型，另一邊也依照相同作法，將表布完成。

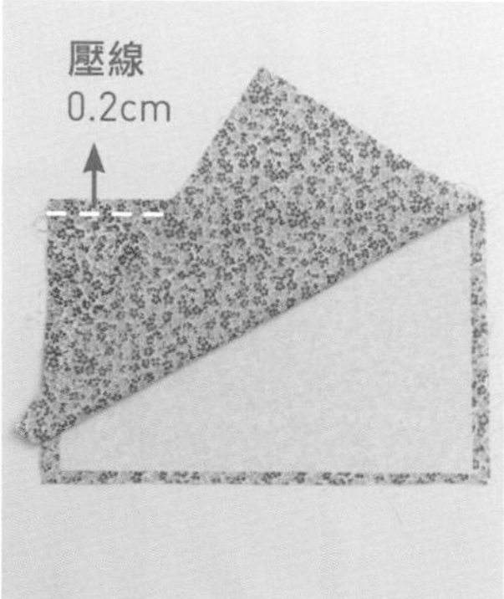

㉓ 裏布口袋燙一半襯，襯不含縫份，對折後上方壓線0.2cm。

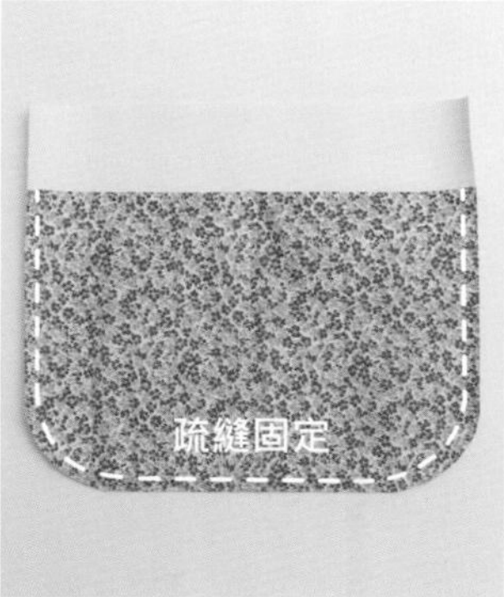

㉔ 將口袋布疏縫固定在裏布上，將底部修剪成與裏布一樣形狀。

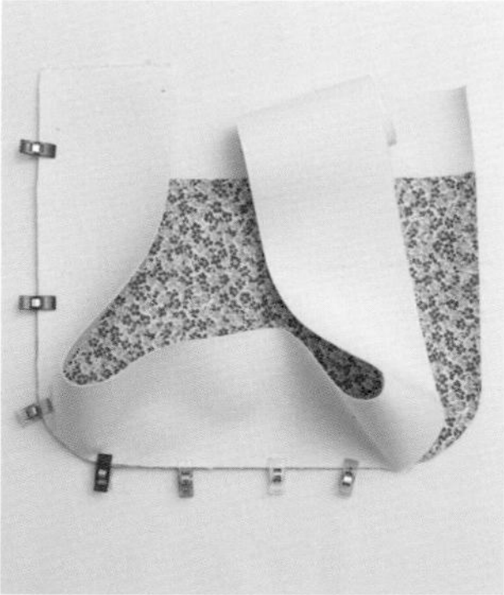

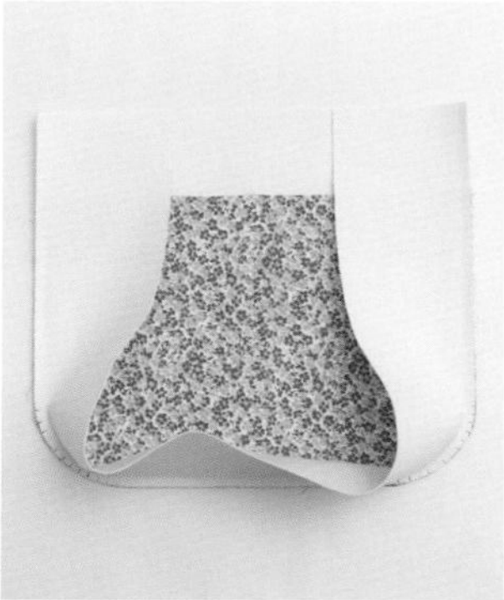

㉕ 裏布袋底與袋身固定（步驟同㉑～㉒）。

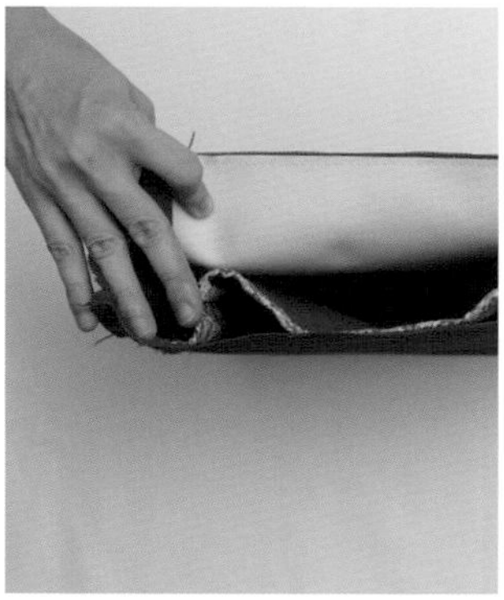

㉖ 將蓋子與表布正面相對，車縫在一起。

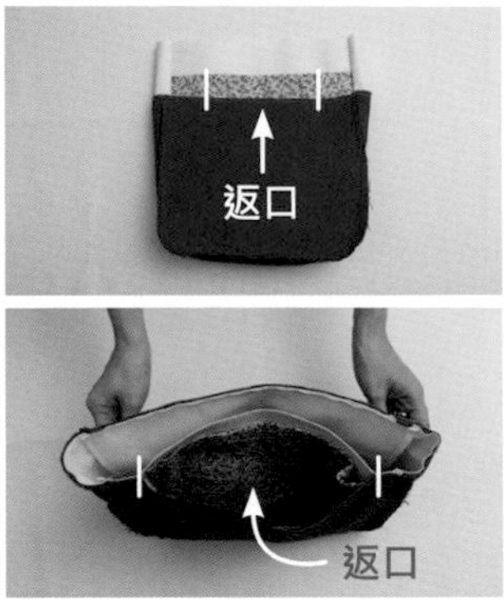

❷❼ 表、裏布正面相對，套在一起，前邊留約 20cm 返口。

❷❽ 從返口翻回正面，將返口整理好。

❷❾ 袋口沿布邊 0.2cm 壓線一圈。

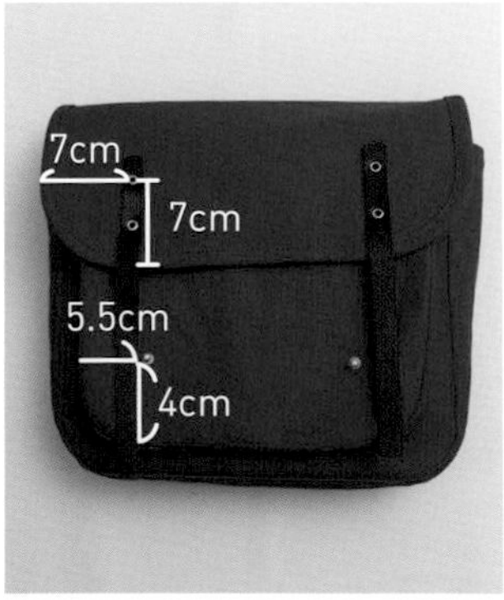

❸⓿ 用雞眼釘將皮革安裝在上蓋。再於正面口袋上安裝珠釦。

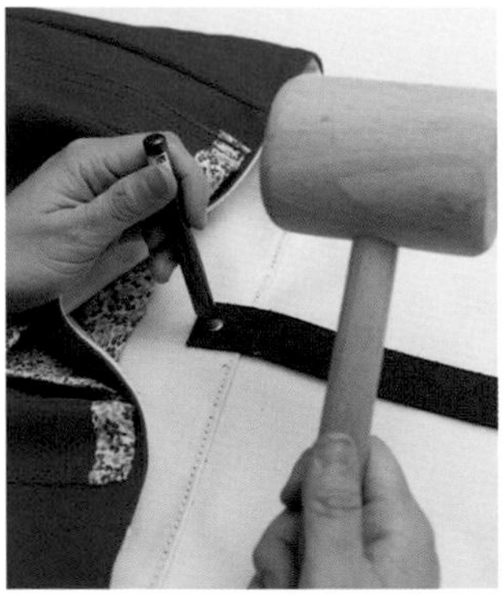

❸❶ 將皮革安裝在內裏後方中心處（使用固定釦）。

❸❷ 皮革另一邊安裝磁釦公釦。

TIPS

步驟32～35是敲合式〈撞釘式〉磁釦的安裝方式，需購買相關工具。

步驟 continue

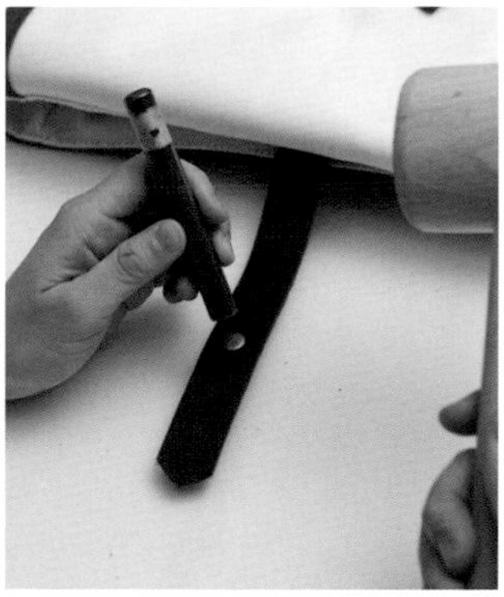

33 公釦敲合。

34 磁釦母釦安裝在前口袋袋口下 3cm 處適當位置。

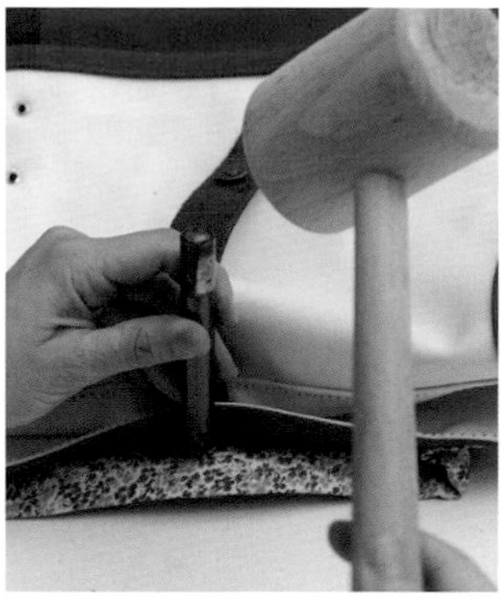

35 母釦敲合。

36 製作揹帶。將揹帶兩邊內折 1cm 後再對折。

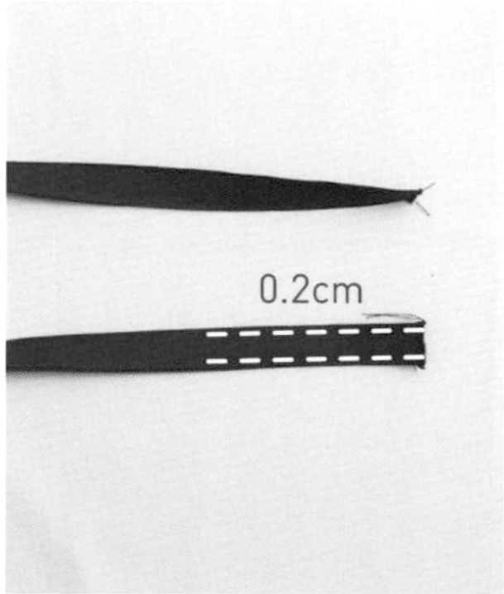

37 沿布邊 0.2cm 車縫兩道。

38 用 8mm 固定釦，固定揹帶於背包兩側。

13

海洋紅背包。

Bella's bag

材料 （尺寸含縫份）

這是適合給小朋友揹的包款！

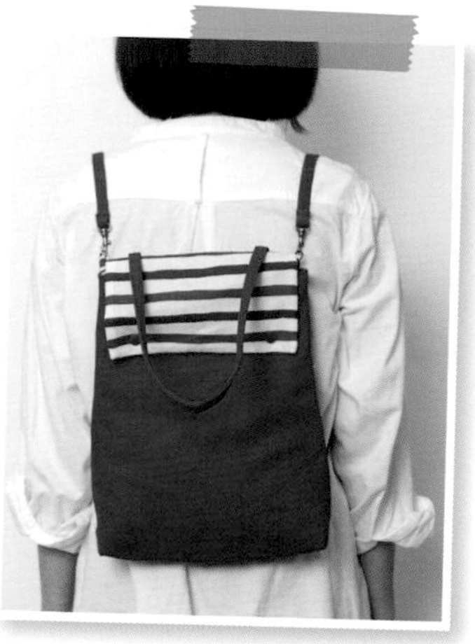

蓋子｜
蓋子條紋布：23*17cm — 1 片
蓋子紅帆布：23*17cm — 1 片

布｜
表布 37*35cm — 2 片
裏布 37*35cm — 2 片

帶子｜
提帶 56*5 cm — 1 條
揹帶 80*5 cm — 2 條
（隨個人喜好調整）

配件｜
耳朵布 8*4 cm — 4 片
D 環 1cm — 4 個
蝦勾 1.5cm — 4 個
固定釦 0.8mm — 4 個
按壓式四合釦— 2 組

步驟 let's get started

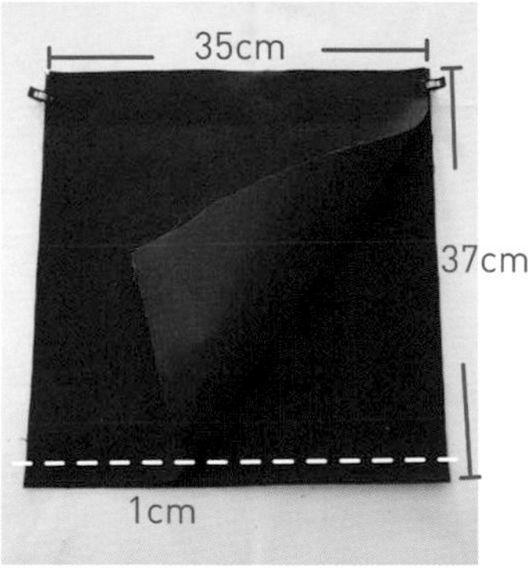

❶ 表布正面相對，底部沿縫份 1cm 車縫一直線。

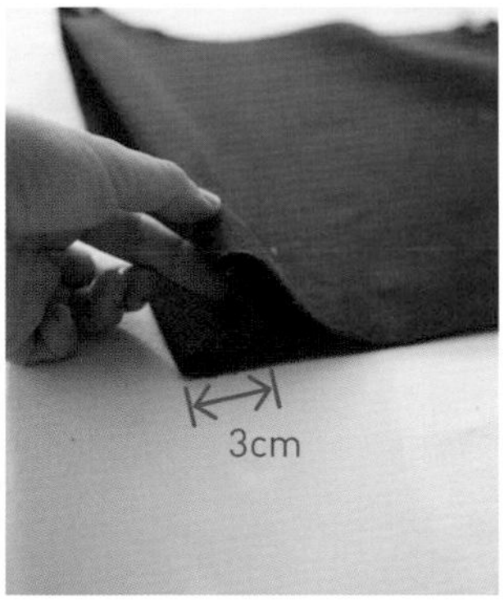

❷ 底部內折約 3cm。

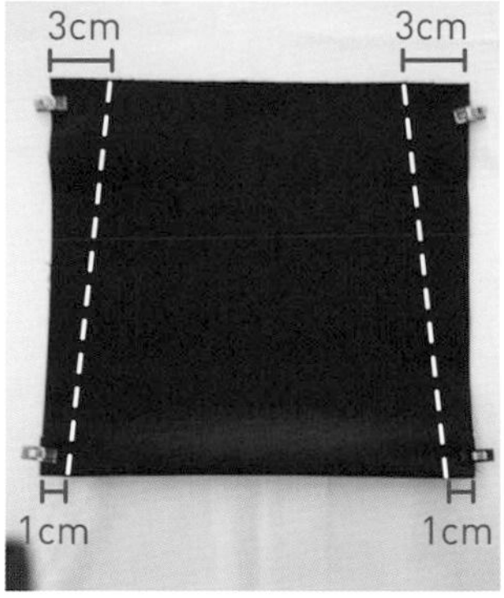

❸ 用夾子固定好後，劃出記號斜線，記號線車縫固定。

步驟 continue

❹ 將縫份修剪至 0.7cm，翻至正面。

❺ 蓋子表布裏布正面相對。

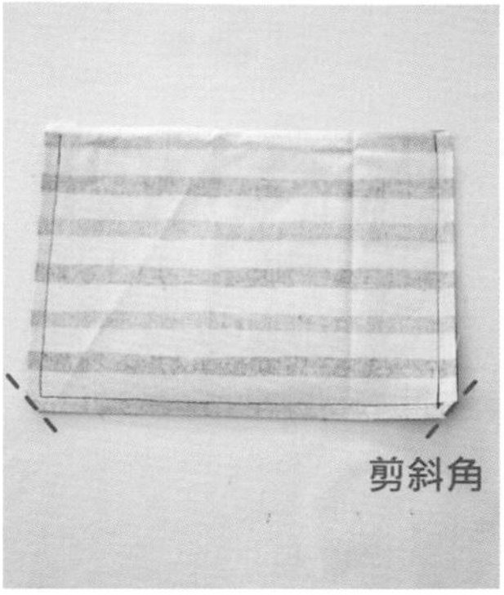

❻ 車縫ㄩ型、翻回正面。

❼ 提帶布（56*5cm）兩邊往內折後再對折，沿布邊 0.2cm 車縫壓線。

❽ 將提帶固定在距離側邊縫份線 4cm 的位置。

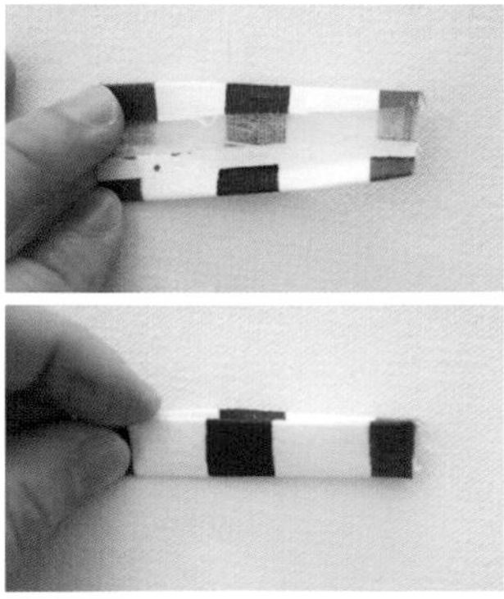

❾ 耳朵布兩側往內折 1cm 後，再對折。

步驟 continue

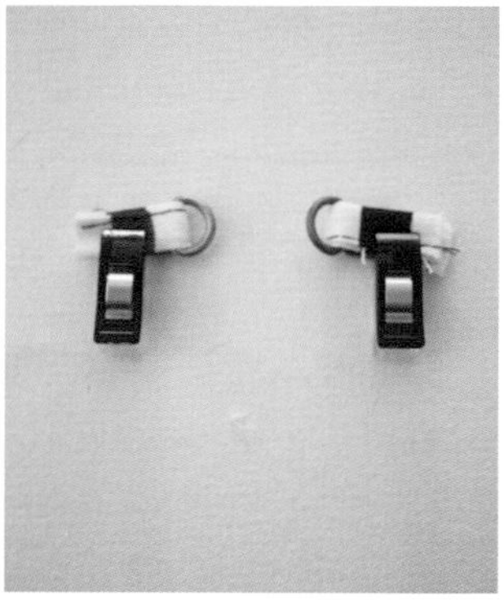

⑩ 套入 D 環（共製作 4 組）。

⑪ 將蓋子固定在正中心的位置，並將 2 組耳朵布固定在蓋子兩側。

⑫ 在包包背面左下及右下適當位置（約距底部及側邊均 5cm 公分），使用固定釦將剩下兩組耳朵布釘合。

⑬ 裏布正面相對。

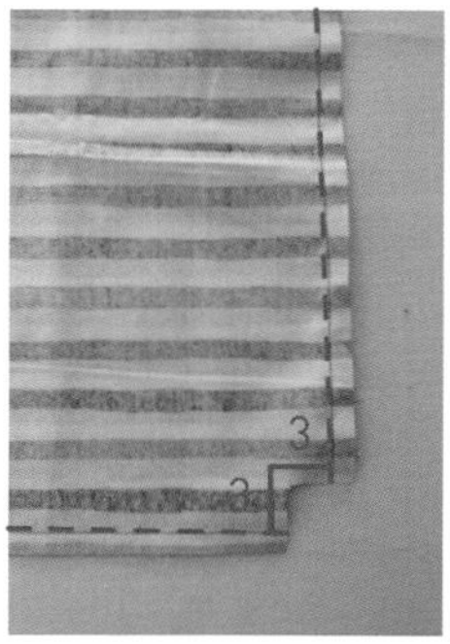

⑭ 先車縫凵型。再在兩側底部畫 3*3cm 正方型留 1cm 縫份，剪下。

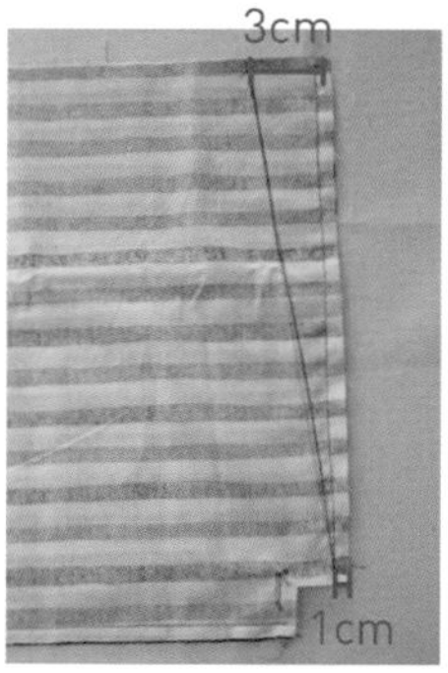

⑮ 兩側劃出斜線，並車縫斜線處，再將縫份修剪至 0.7cm。

⑯ 車縫袋底 6cm。

⓱ 裏布翻至正面，與表布正面相對後套入表布內，車縫袋口一圈，前方留約10cm返口。

⓲ 翻至正面。

⓳ 袋口沿布邊0.2cm車縫一圈，並於適當位置（袋蓋底2cm、右邊3cm）安裝按壓式四合釦。

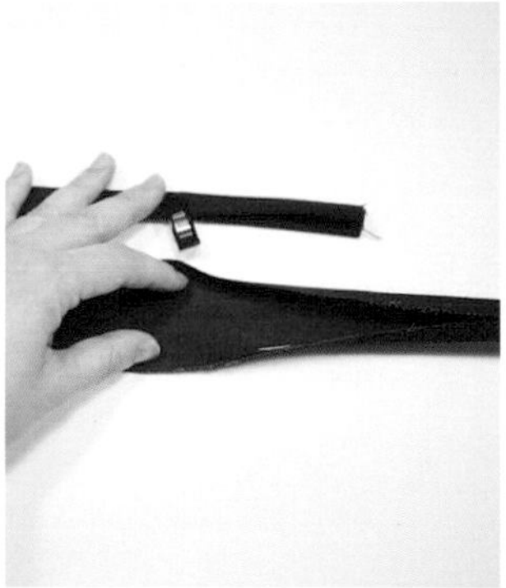

⓴ 揹帶布一樣先由兩側往內折後，再對折一次，並沿布邊0.2cm車縫壓線。

㉑ 穿過蝦勾再縫合。

㉒ 勾住D環處，大功告成囉！

14

Bella's bag

菠蘿大圓包。

材料

表布｜
表布 35*35cm — 2 片
表布 70*8cm — 1 片

裏布｜
裏布 35*35cm — 2 片
裏布 70*8cm — 1 片

鋪棉｜
棉布 35*35cm — 2 片

斜布條｜
45° 斜布紋包邊條 115*5cm — 2 條

配件｜
皮革 125*2cm — 1 條
皮革 20*2 cm — 1 條
D 環 2.5cm — 2 個
固定釦 8mm — 4 組
布標—隨意

我只是半成品，
就已經超有型！

步驟 let's get started

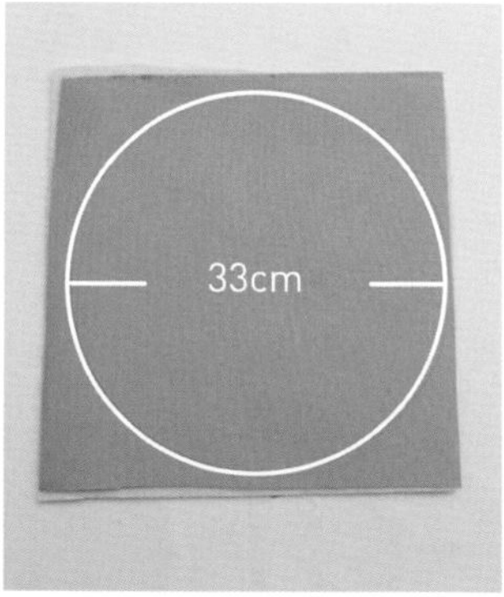

❶ 在布上畫出直徑 33cm 的大圓。

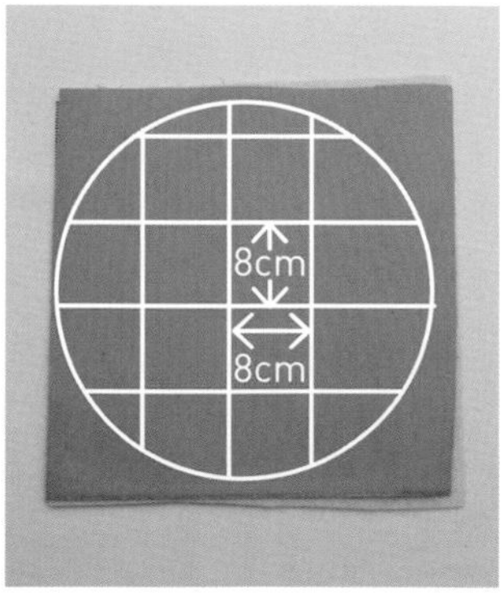

❷ 圓形內畫上格線。

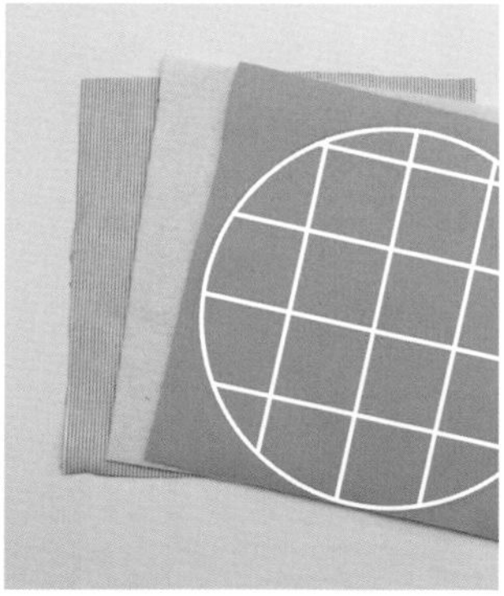

❸ 表布、棉布、裏布三層疊在一起（表布、裏布背面相對）。

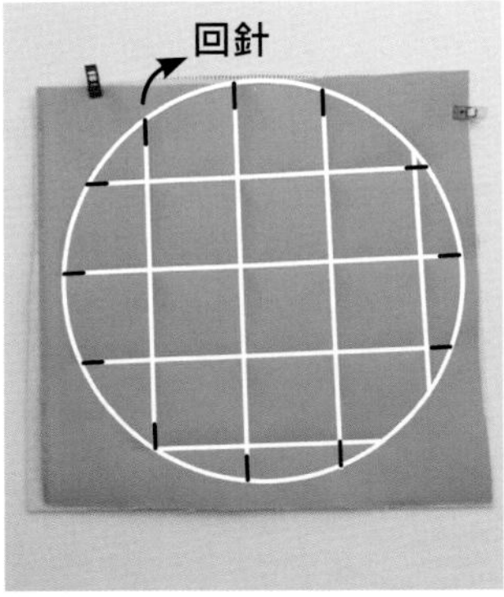

❹ 沿著格線車縫壓線，邊邊回針加強固定。

❺ 按圓形剪去多餘布。並在適當位置車縫布標。

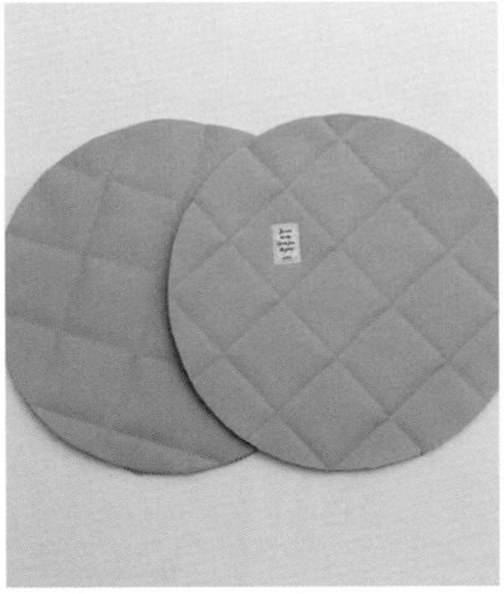

❻ 另一片表布，依同樣步驟完成。

❼ 袋底布正面相對。

❽ 車縫頭尾 2 側。翻回正面。

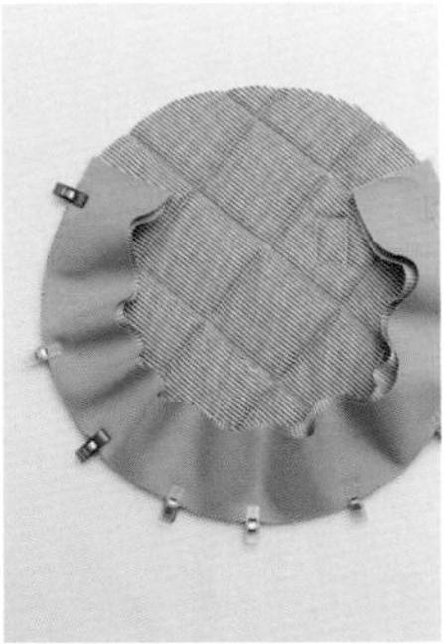

❾ 沿著圓形裏布邊緣，用強力夾固定袋底布。

❿ 沿布邊 0.7cm 車縫固定。

TIPS

步驟❾～⓫，圓形滾邊條要放鬆鬆的與布邊對齊車縫，不要拉緊喔！

步驟 continue

⓫ 將斜布條整燙好，與袋身布邊對齊，沿布邊 0.7cm 車縫，約留下 20cm 暫不車縫。

可參考 P.13，技法 7

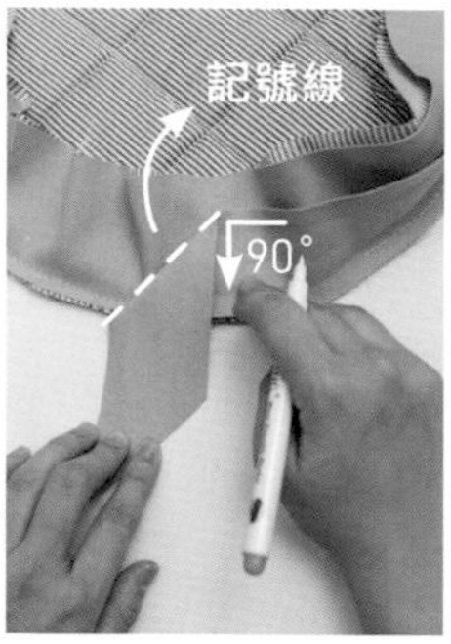

⓬ 右端滾邊條往下折，成垂直 90 度。如圖所示。沿 90 度邊畫線做記號。

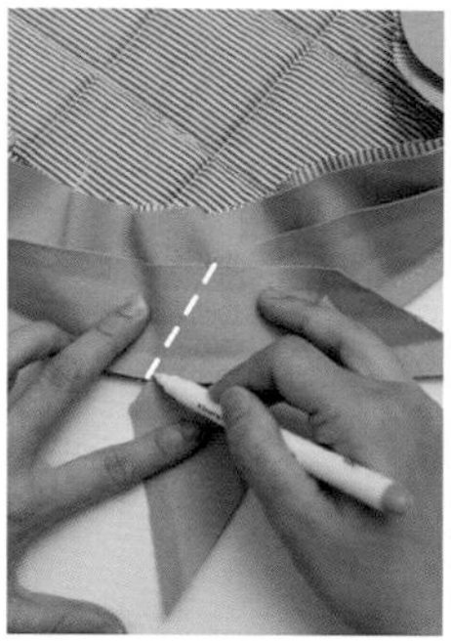

⓭ 左端滾邊條覆蓋在右端上，相同位置劃上記號線。

⓮ 折起兩端交疊成 X 型。

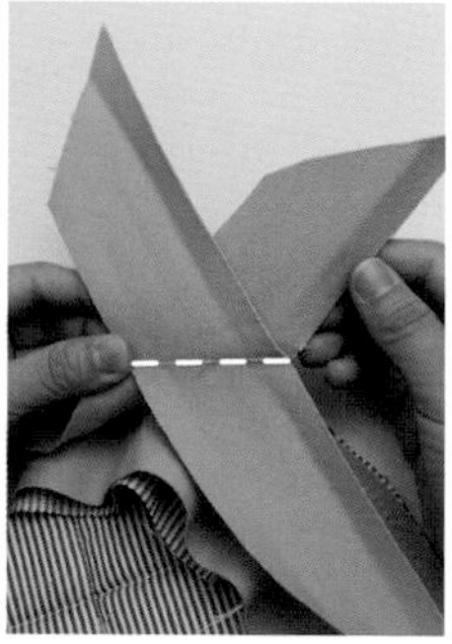

⓯ 車縫記號線。

⓰ 縫份留 1cm，其餘剪掉。

⓱ 縫分打開。

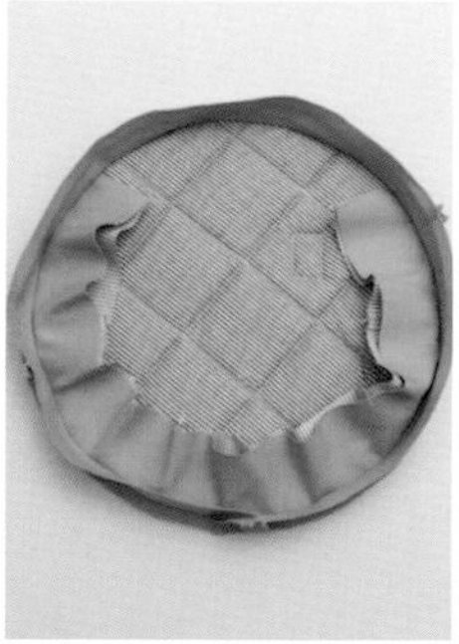

⓲ 將圓全部車合。

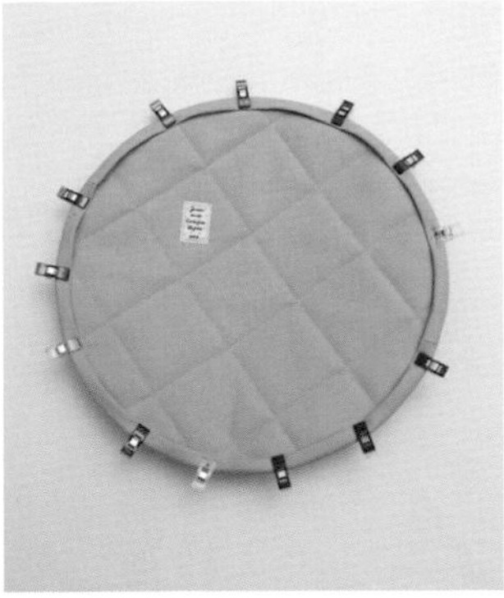

⓳ 再翻至正面用夾子夾好。

⓴ 正面沿滾邊 0.2cm 壓線固定。兩邊同樣做法，即完成。

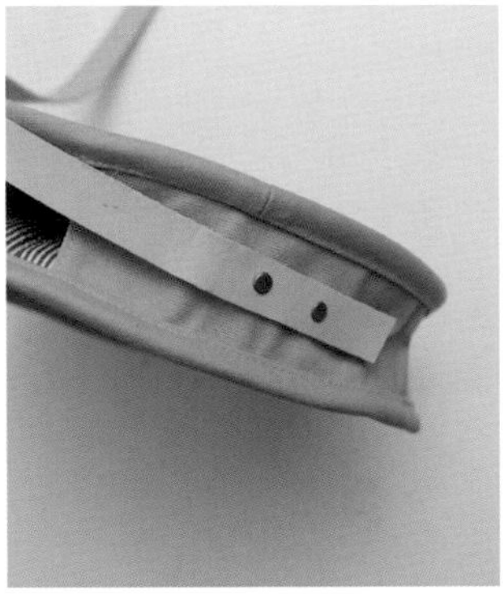

㉑ 包包側邊距離 8、12cm 處，打兩個洞。使用固定釦安裝皮革。

㉒準備兩個 D 型環，並裝在皮革耳朵上。

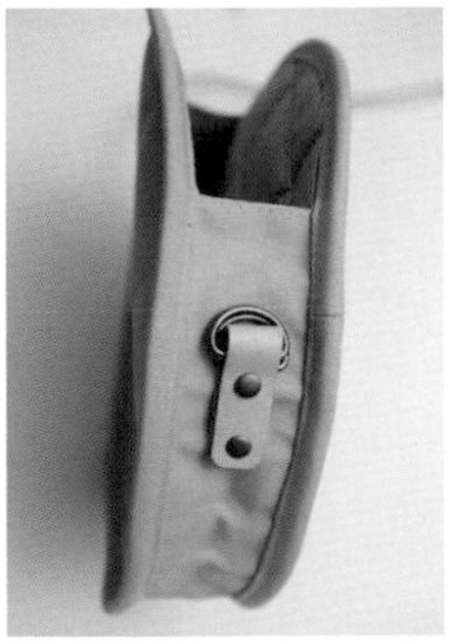

㉓ 安裝在包包另一側。

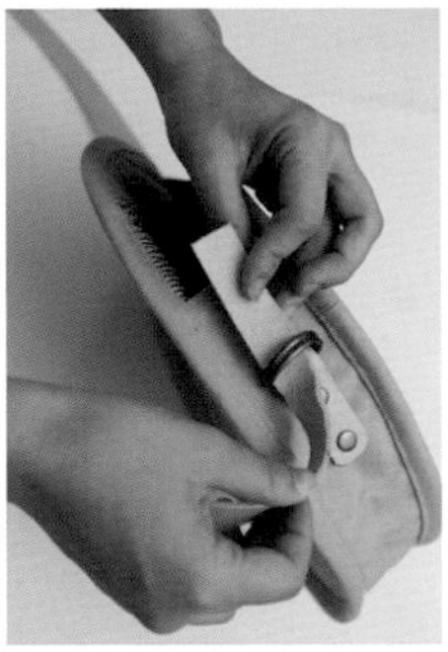

㉔ 將皮揹帶穿過兩組釦環。

㉕ 從其中一個釦環中將皮繩穿出，這樣就完成囉！

15

Bella's bag

雅痞藍兩用皮質手提托特。

材料

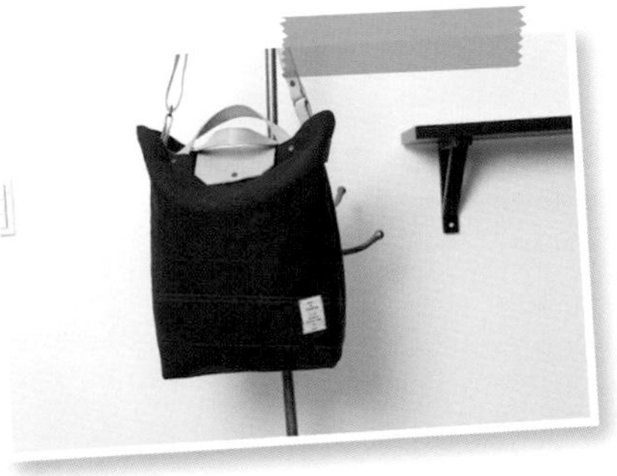

布｜
表布 - 藍色八號帆布 100*45cm — 1 片
袋口布 - 藍色八號帆布 5*45cm — 2 片
裏布 - 台製帆布 97*45cm — 1 片
裏布 - 口袋台製帆布 45*40cm — 1 片

布標｜
隨意— 2 片

配件｜
日環 2.5cm — 1 個
固定釦 1cm — 8 組
D 環 2.5cm — 2 個
撞釘磁釦— 1 組

皮革｜
側邊皮標（皮革厚度約 1.6mm） 3*6 cm — 1 條
揹帶（皮革厚度約 2.2mm） 2.5*120 cm — 1 條
耳朵 2.5*15 cm — 2 條
提把 2.5*35 cm — 2 條
蓋子 14*15cm — 1 片

步驟 let's get started

表布：

❶ 將布標固定在適當位置（約距上方 30cm 及右側布邊 8cm 的地方）。

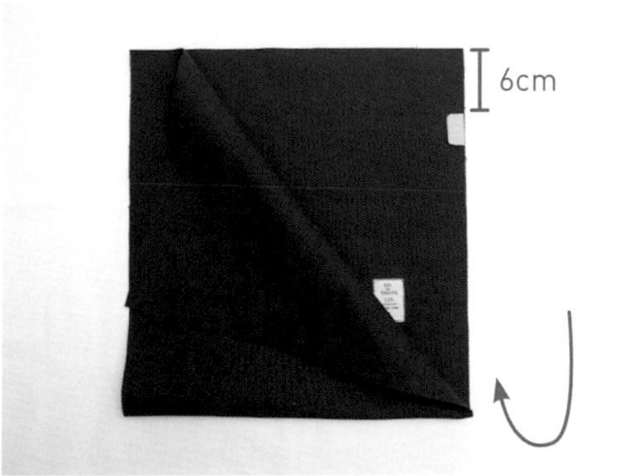

❷ 在布邊右側，距離上方 6cm 處車縫側邊皮標，並將表布對折。

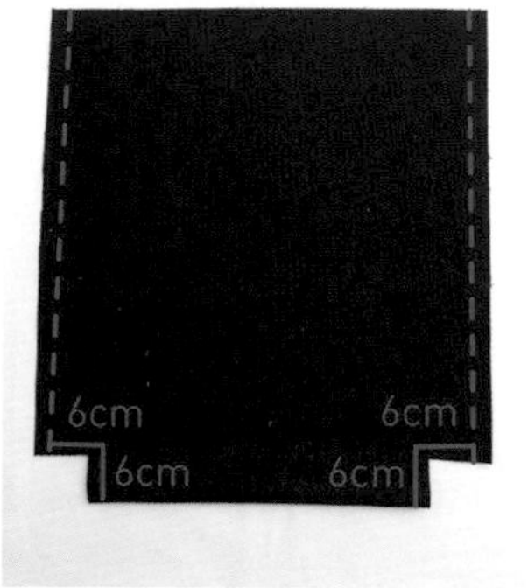

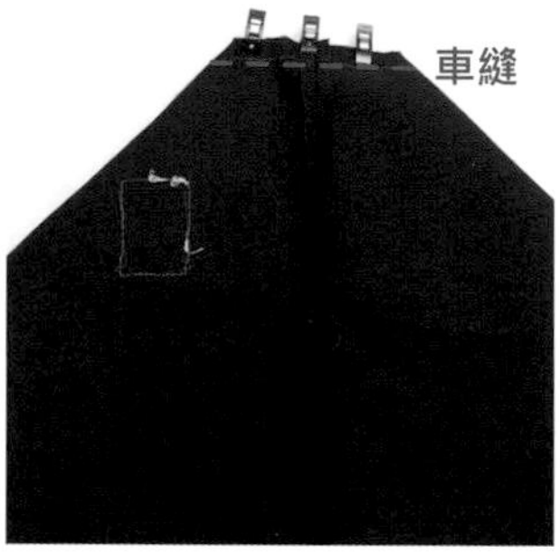

❸ 表布正面相對對折，兩側沿邊 1cm 車縫。袋底扣除縫份畫 6*6cm 正方型，留 1cm 縫份剪掉，將兩側縫份燙開。

❹ 將剪開的兩側袋底處，抓出底腳，用強力夾固定。沿布邊 1cm 車縫，袋底 12cm。

❺ 表袋完成。

裏布：

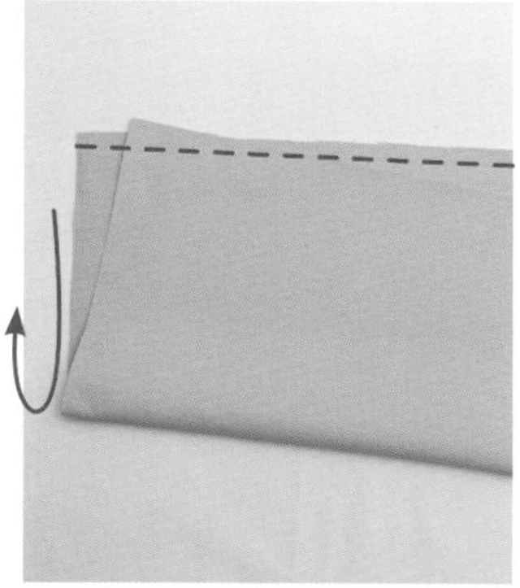

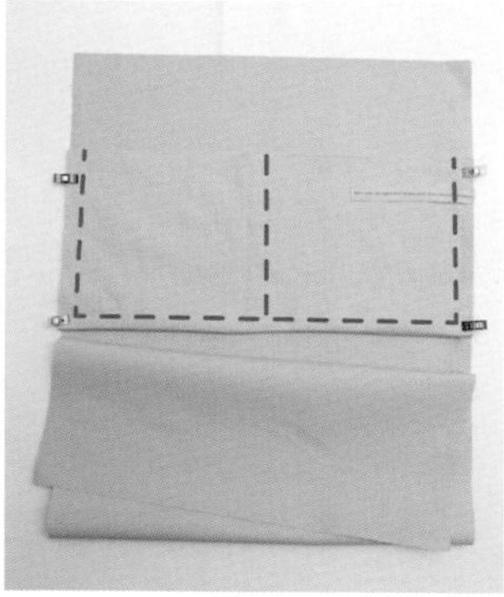

❻ 口袋布對折（對折後寬為 45cm），沿上方布邊 1cm 車縫直線。

❼ 翻回正面整燙後，沿上方壓線 0.2cm，在適當位置縫上布標。

❽ 將口袋布固定在內袋（距上方約 10cm 位置）車縫ㄩ型，中間車縫一直線分隔口袋。

步驟 continue

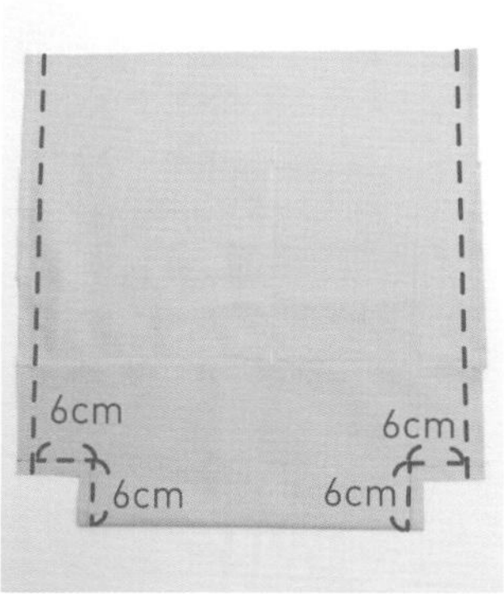

❾ 裏布正面相對後對折，兩側沿邊 1cm 車縫。袋底兩側畫 6*6cm 正方型後，留 1cm 縫份後剪掉。

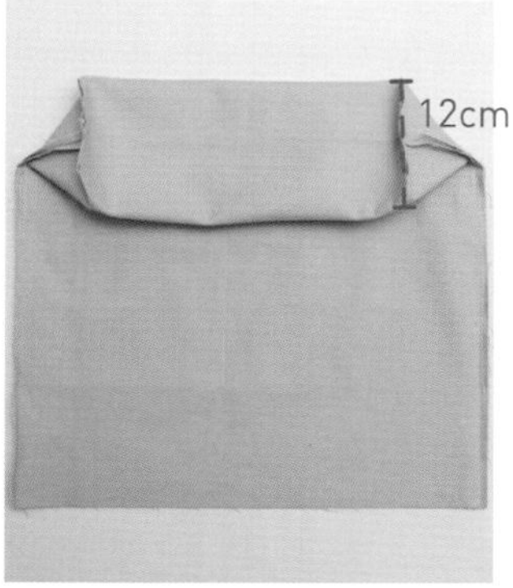

❿ 剪開兩側袋底處，抓出底角，車縫袋底 12cm。

⓫ 2 條內裏袋口布正面相對，頭尾兩側沿 1cm 車縫。

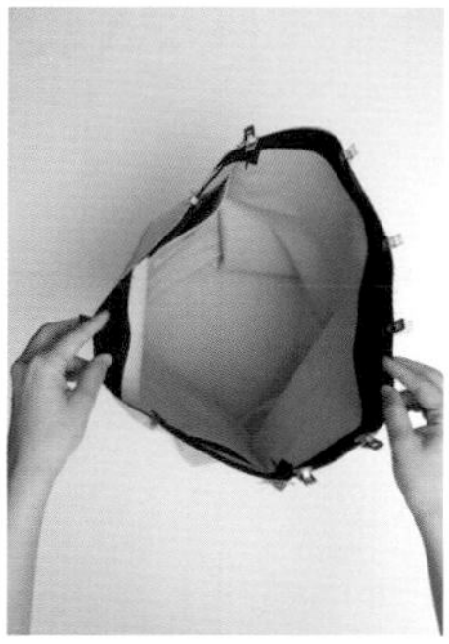

⓬ 袋口布與內裏布正面相對，布邊對齊，用夾子固定一圈。

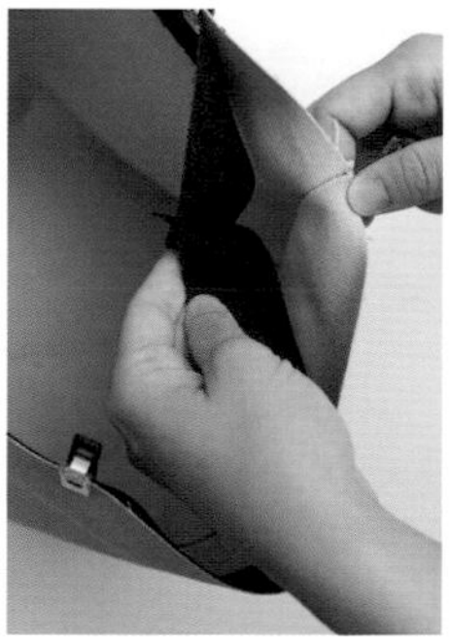

⓭ 兩邊縫份線要對齊，沿布邊 1cm 車縫一圈。

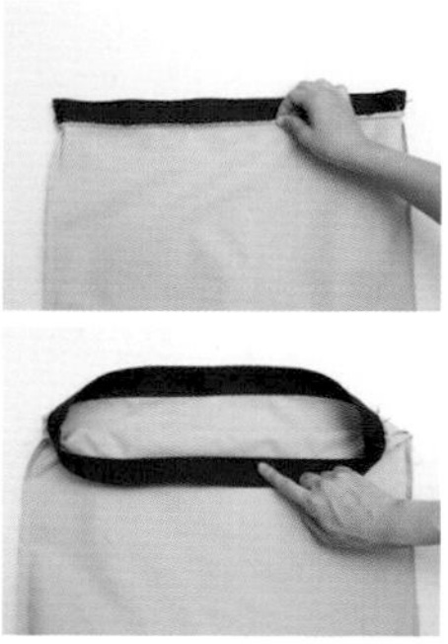

⓮ 車縫後將縫份倒向袋口布，翻至正面壓線 0.2cm 固定縫份。

⓯ 將表布與裏布正面相對套入，袋口用強力夾固定，並留下返口約 15cm。

❻ 車縫一圈，將包包由返口翻回正面，整理好返口，沿袋口 0.2cm 壓線一圈。

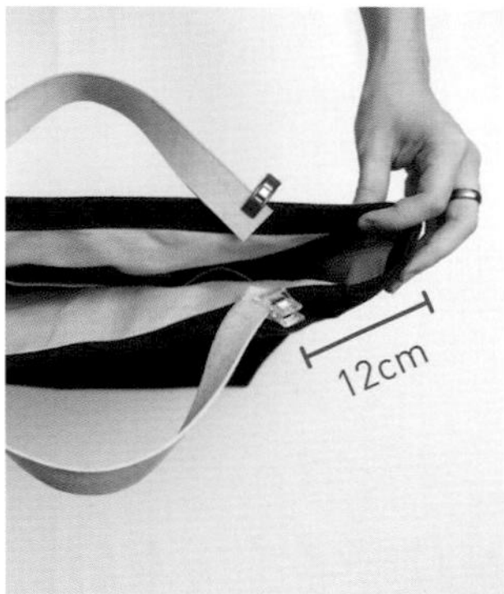

⓱ 皮革位置：距側邊縫份線 12cm 處做記號點。

⓲ 記號點打洞，將皮革提把（2.5*35cm）用固定釦安裝在表布上。

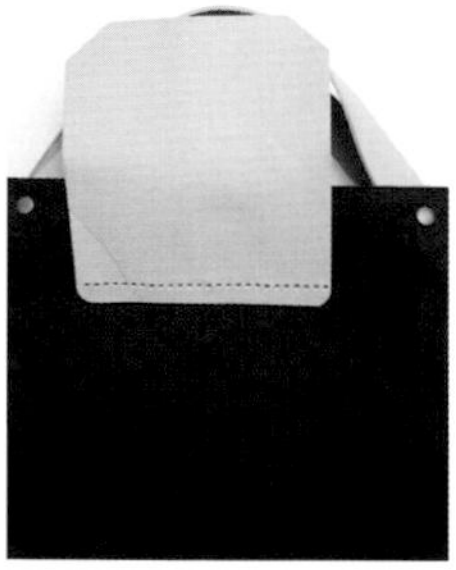

⓳ 在袋口（皮革提帶中間）手縫上皮革蓋子。

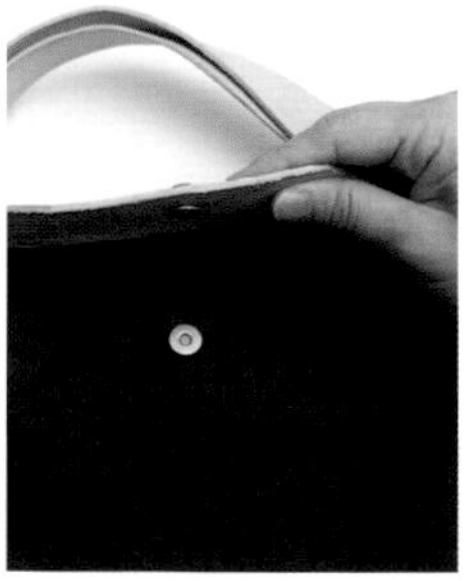

⓴ 安裝磁釦。

可參考 P.12，技法 4

㉑ 皮革耳朵夾入 D 環後，用固定釦安裝於托特包兩側。

㉒ 安裝揹帶。

可參考 P.11，技法 3

日本買布行

常常會有很多手作朋友問我布料可以去哪買？在台灣，我大部分都會在台北永樂市場採買布料，但只要一出國，就絕對會事先上網搜尋好當地布料市場的相關資訊，尤其，日本和法國的布料更是 Bella 的私人所愛喔！
趁著之前去大阪，Bella 抓緊時間逛了以下幾家布店，好險時間有限，不然我可是會無止盡的逛下去，誰都無法阻止我啊（吶喊）！

1 大塚屋 Otsukaya 江坂店

www.otsukaya.co.jp 大阪府吹田市豊津町 13 － 38（禮拜三店休，只營業到 pm6:30，不接受刷卡）搭乘御堂筋線地下鐵到江坂駅下車，4 號出口。

布料行一共有五層樓，每層的布料都有些不同，種類非常多，但不是每一項都很專精。一樓主要是賣可以製作包包的布料，工具和線類也通通都有。這裡也有販賣有機棉，但下手前可考慮清楚，價格不菲呀！

2 ABC クラフト（ABC Craft）

www.abc-craft.co.jp 大阪市阿倍野区阿倍野筋 1-6-1。在天王寺站附近的 Q'S Mall 的 3 樓。地下鉄御堂筋線・谷町線「天王寺駅」12号出口より直結。徒步 2 分。

屬於綜合類的手作店，是一間超棒的店！ Bella 私心推薦如果有時間一定要花整天慢慢逛！這家店在東京也有店，所以去東京的手作朋友也可以去喲。這裡能買到很多種類的手作材料，舉凡布、皮、毛線、羊毛氈、包裝、刻章、串珠、 園藝雜貨……，來一趟逛一下認識一下不同的手作玩藝，真的很有趣！

3 とらや商店 (TORAYA)

nambacentergai.jp/shop/shop26.html 大阪府大阪市中央区難波 3-2-30（不可刷卡，營業到 pm7:30）地下鉄御堂筋線到なんば站下車，從 11 或 20 號出口，往「難波センター街商店街」走進去。

在這裡買布的方式比較特別，如果有你想要的布料，可以和店員說，店員會先剪一小塊布確認，再請樓上的工作人員裁你要的份量，然後再從空中接管丟下來，超特別吧！所以需要稍待一下，等布剪好再去櫃台付款就可以了。

4 ノムラテーラー四条本店

http://www.nomura-tailor.co.jp/
京都市下京区四条通麩屋町東入奈良物町362 在京都錦市場附近，在「寺町京極」商店街裡面。

這是一家手工藝品連鎖店。

JUKI

PART 3

輕彩系列—粉紫綠

16
Bella's bag

雙色COIN零錢包。

材料 (尺寸含縫份)

布｜
表布 11*17cm — 2片依版型
裏布 11*17cm — 2片依版型

軟皮革｜
7.5*8.8 cm

釦子｜
2組

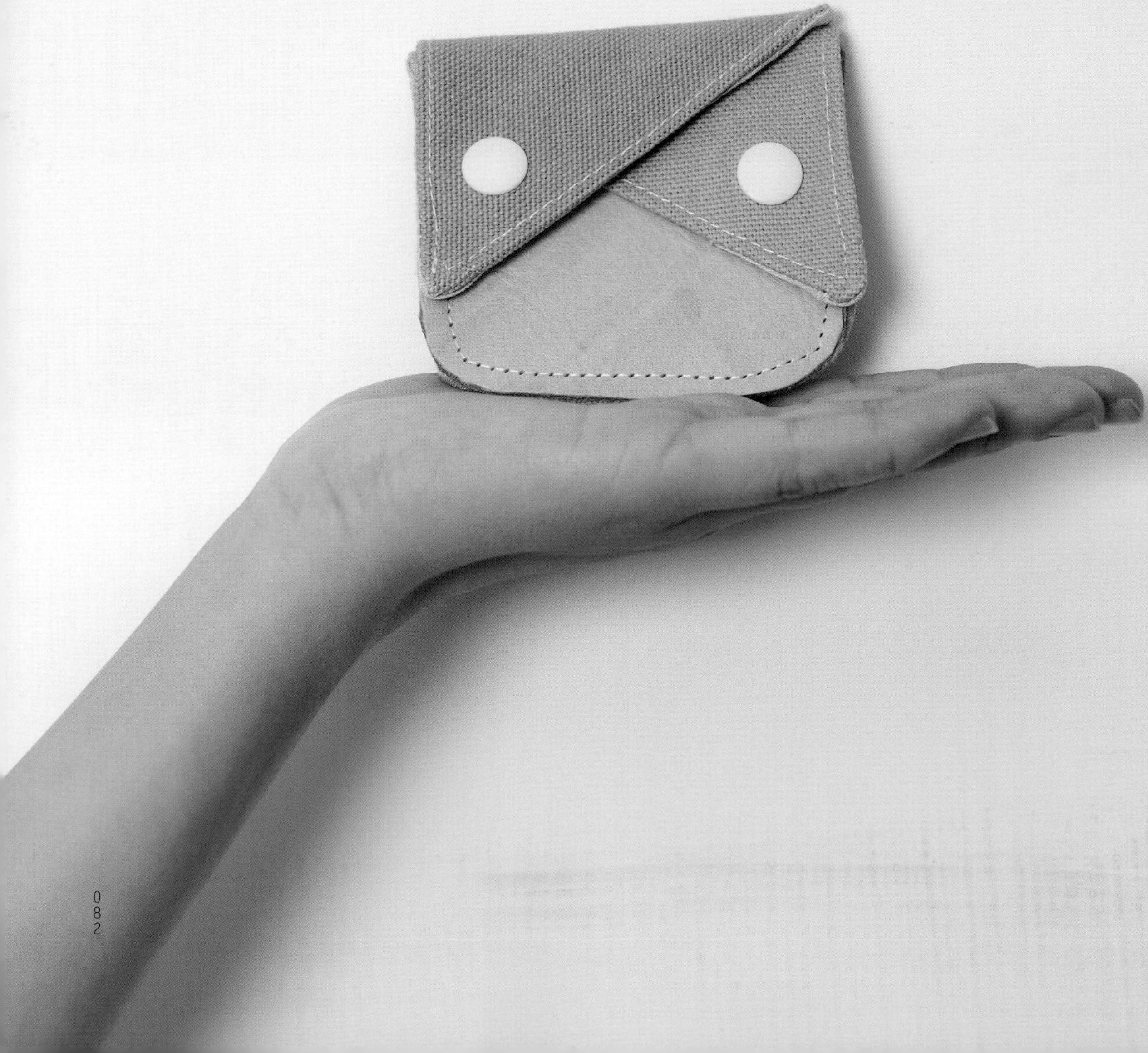

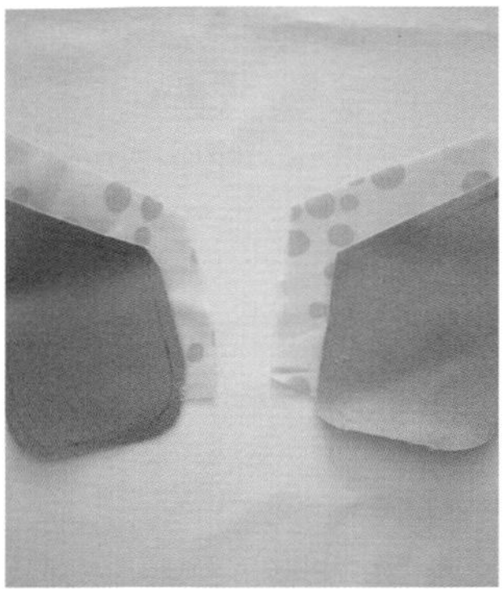

❶ 兩組表布和裏布正面相對。

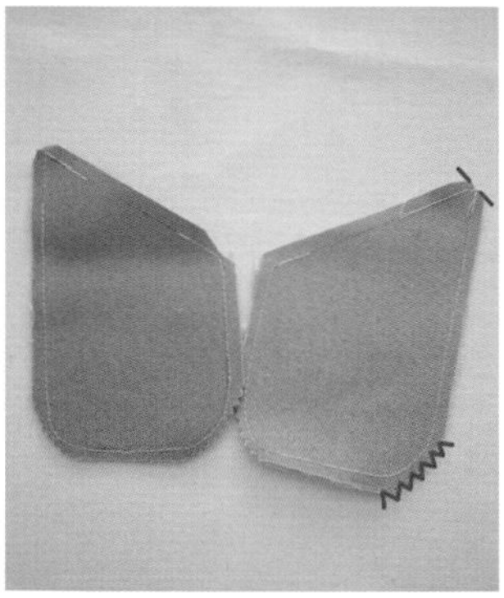

❷ 車縫一圈，在上方各留5cm 返口。兩對底角剪鋸齒狀，尖角剪斜角。

❸ 翻回正面後，整燙。

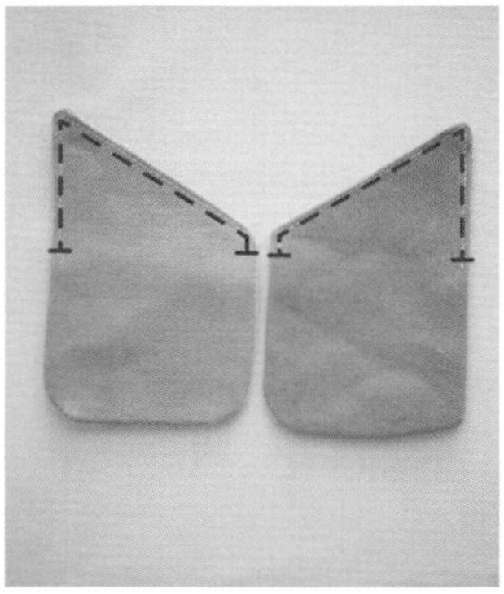

❹ 上半部蓋子的位置壓線0.2cm。

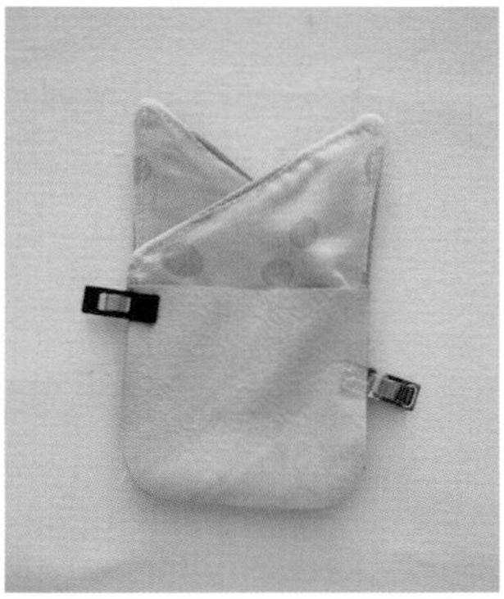

❺ 翻至背面，將兩片完成的布和下方對齊後，蓋上皮革，用夾子固定。

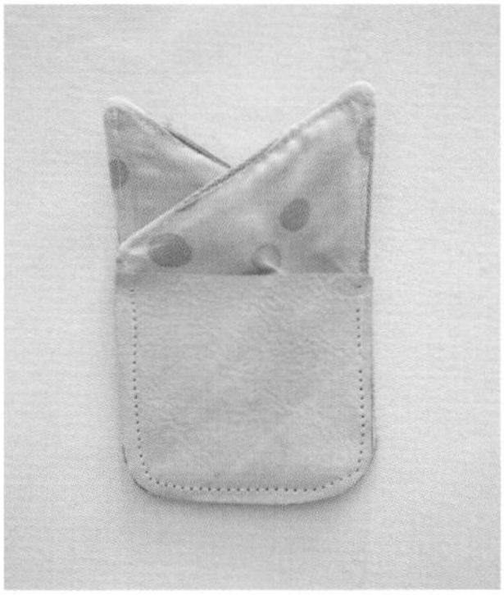

❻ 沿皮革邊邊 0.3cm 車縫ㄩ型。

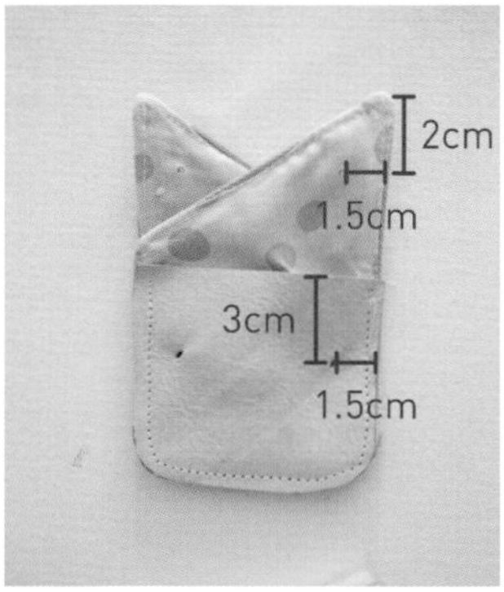

❼ 袋身：距離皮側兩側1.5cm。距離皮革上端 3cm處打洞。
蓋子：距尖端 2cm、距兩邊 1.5cm 處也打洞。

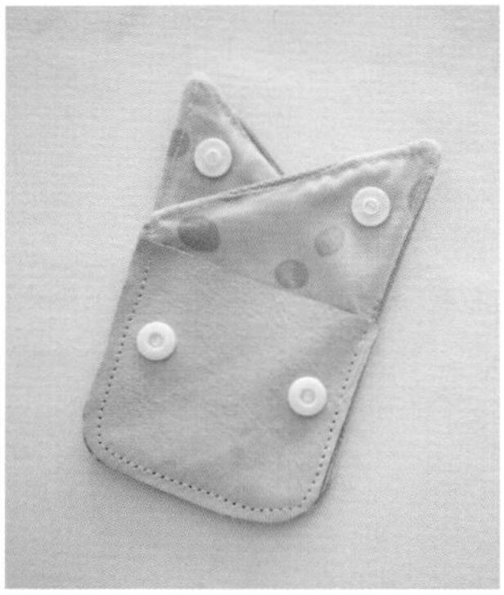

❽ 安裝上釦子。

❾ 即完成。

17

Bella's bag

檸檬黃
小圓造型提包。

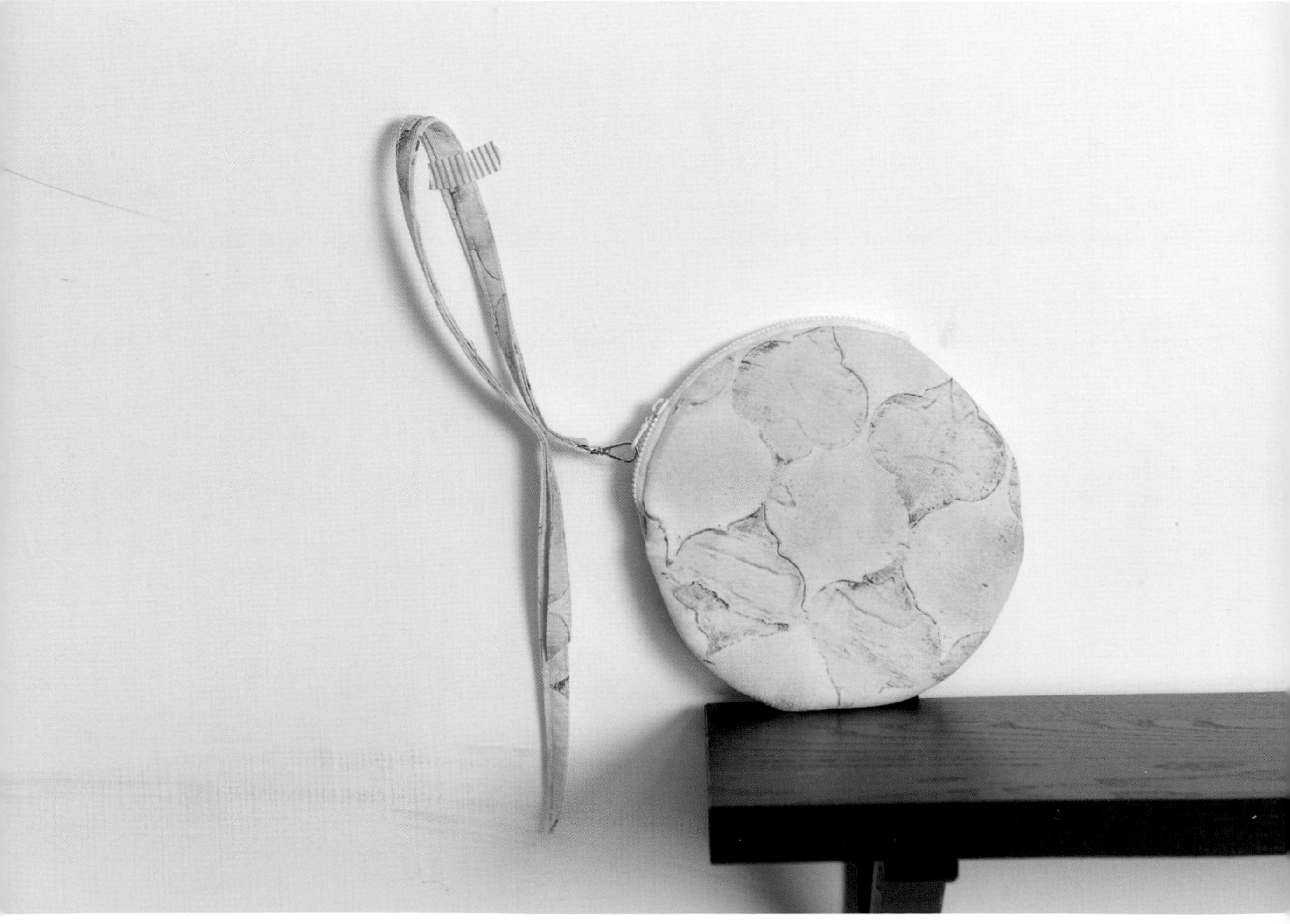

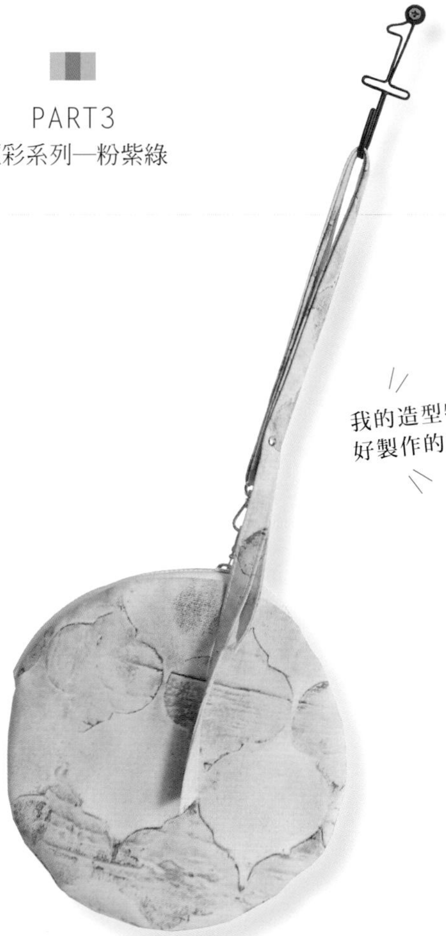

我的造型特殊，屬於簡單
好製作的造型包款！

材料 （尺寸含縫份）

布｜
表布燙布襯直徑 20cm 圓型— 2 片
裏布燙布襯直徑 20cm 圓型— 2 片
提帶布 100*4 cm — 1 條

配件｜
拉鍊 20cm — 1 條
問號勾 1 cm — 1 個
固定釦 6mm — 1 組

步驟 let's get started

❶ 表布與裏布燙襯，襯不含縫份。

❷ 拉鍊與表布正面相對，用夾子或珠針固定。

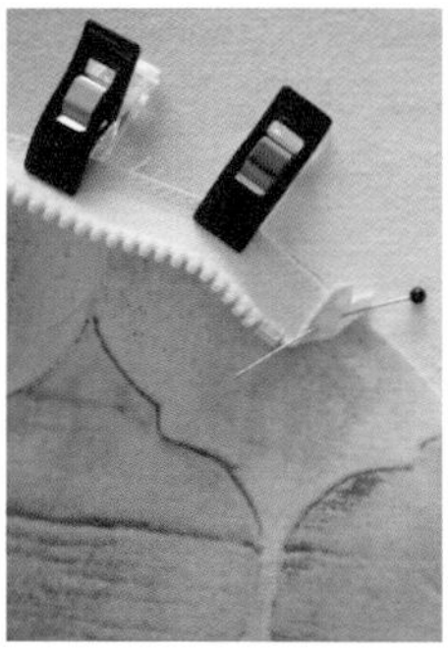

❸ 注意，拉鍊尾部要往上折。

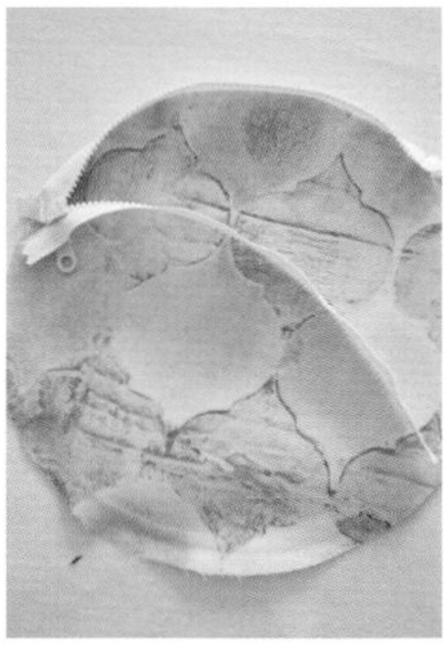

❹ 車縫拉鍊。

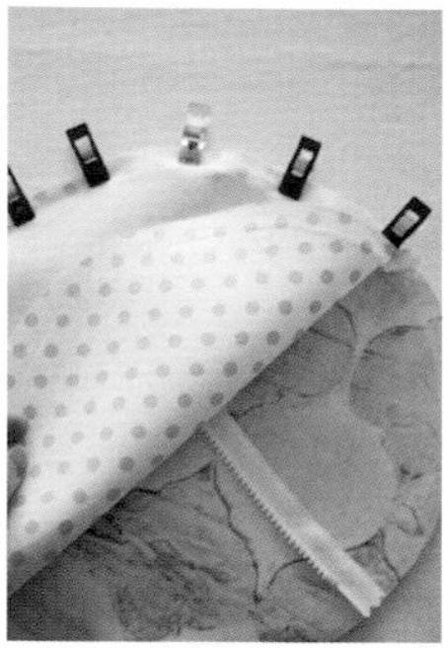

❺ 蓋上裏布。表布裏布正面相對，沿拉鍊車縫線再車縫一次。

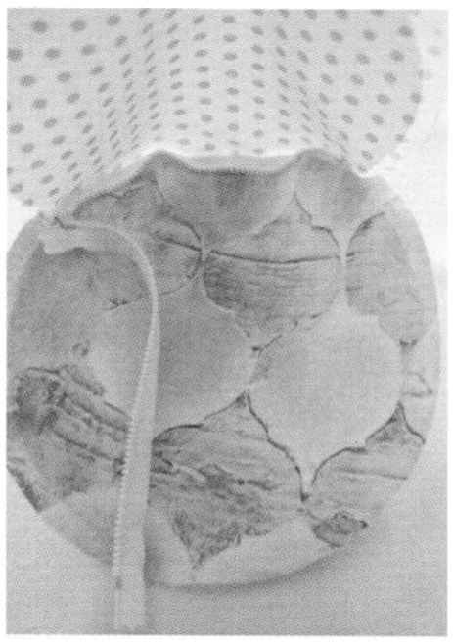

❻ 單邊拉鍊車縫完成。

❼ 將拉鍊理好。

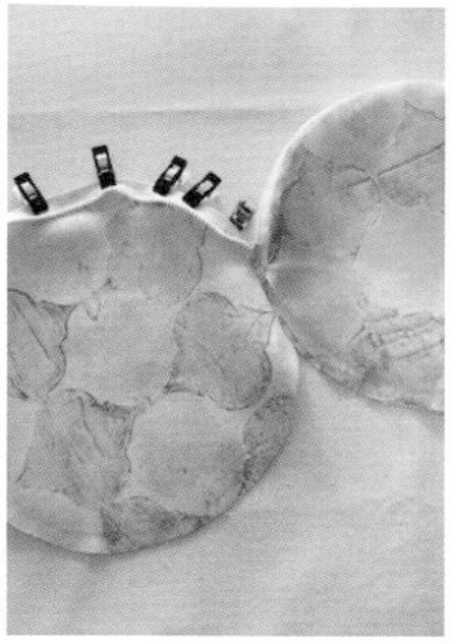

❽ 另一邊同步驟❷～❼。

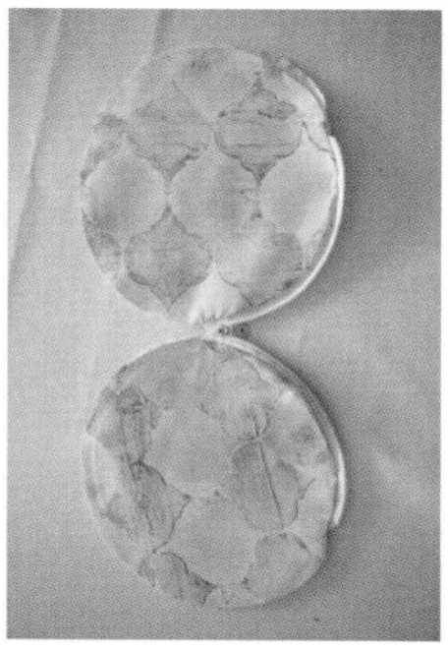

❾ 兩片圓完成。

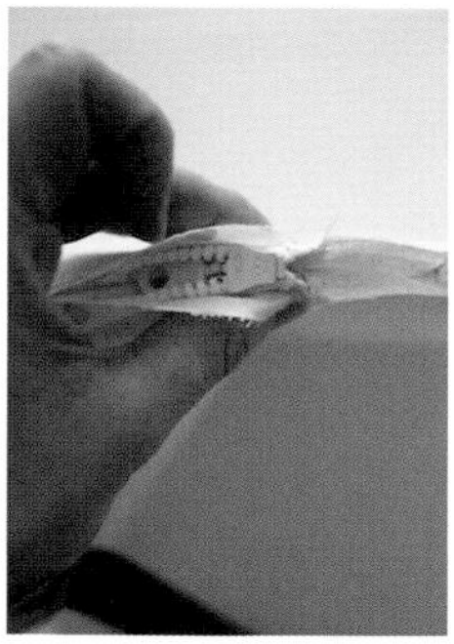

❿ 表布正面相對，拉鍊尾端對準。

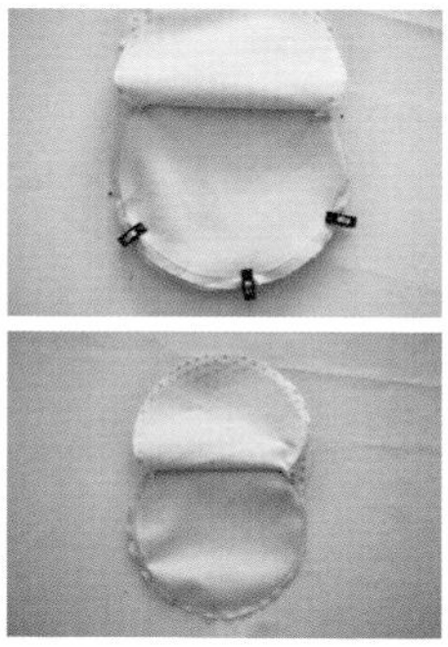

⓫ 表布沿布邊 1cm 車縫一圈。

⓬ 裏布正面相對，拉鍊頭尾處，縫份先倒向表布。

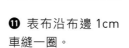

⓭ 裏布車縫。

⓮ 在底部留約 8cm 返口。

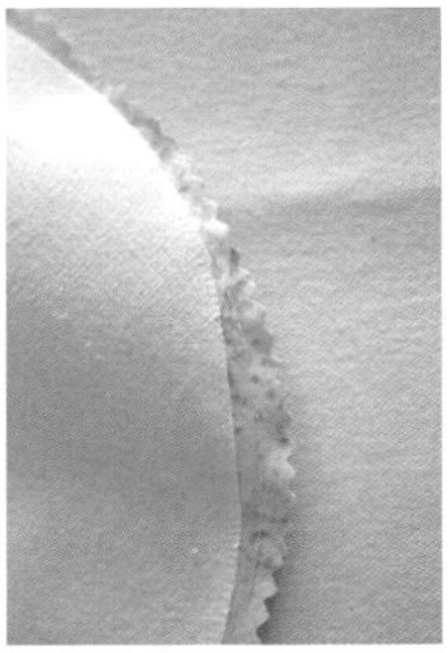

⓯ 在表布圓弧處剪牙口。

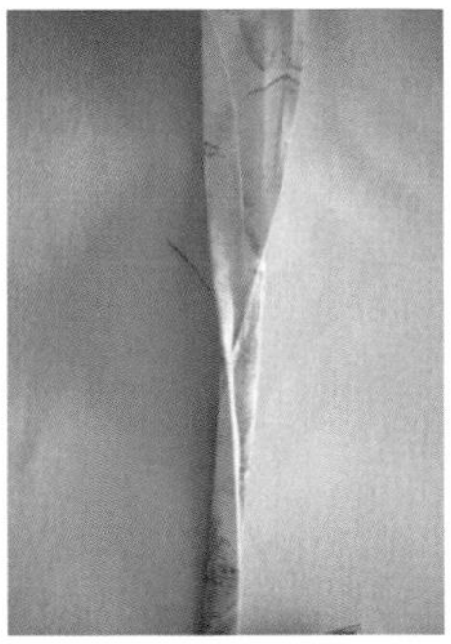

⓰ 提帶布兩邊往內折一折，之後再對折。

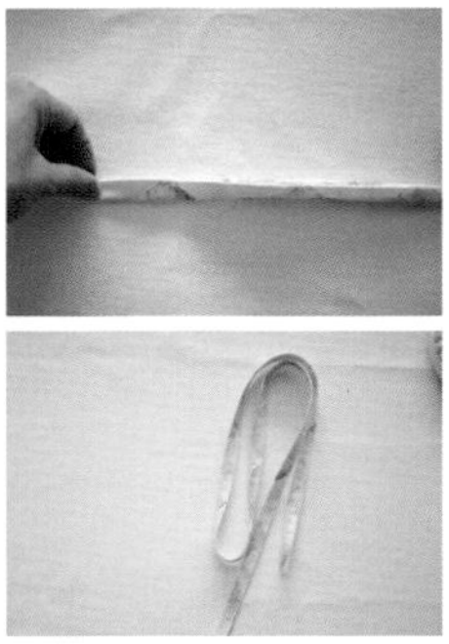

⓱ 沿布邊 0.2cm 車縫。

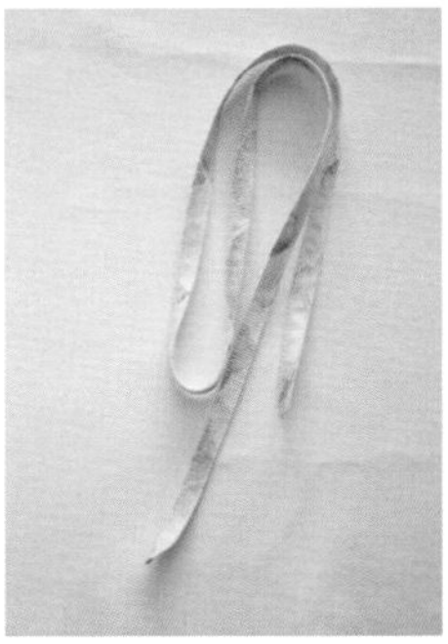

⓲ 完成提帶。

⓳ 提帶取一半，穿過蝦勾，再對折。

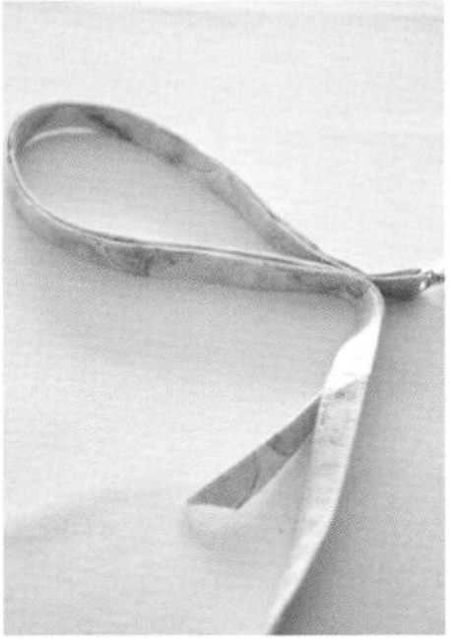

⓴ 最後用 6cm 固定釦固定即可。

18

Bella's bag

青草綠寬口托特包。

材料

＊尺寸含縫份

布｜
表布 44*68cm — 1 片
袋口布 44*5cm — 2 片
內裏布 44*65cm — 1 片
內裏口袋 40*40cm — 1 片

提把｜
40*9 cm — 2 片

零件｜
皮革標（隨意）— 2 片
帶子 2*40cm — 1 條

步驟 let's get started

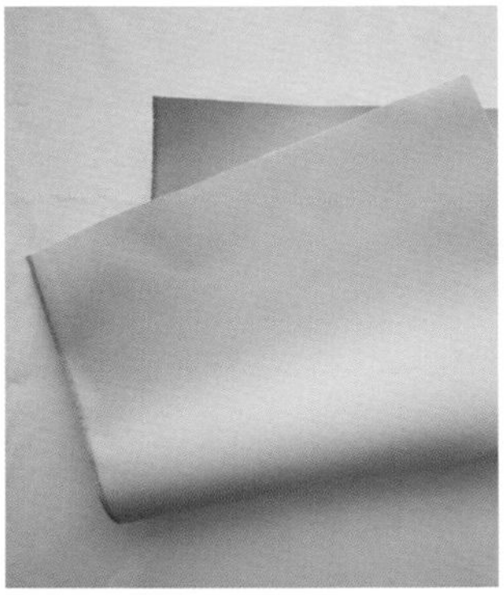

❶ 表布正面相對對折。

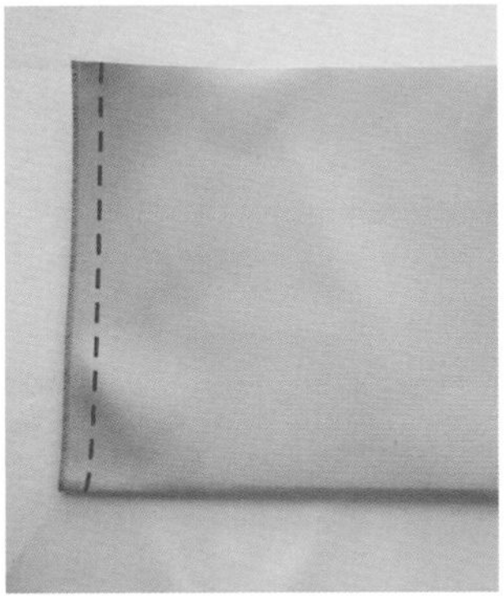

❷ 左右兩邊沿布邊 1cm 車縫固定。

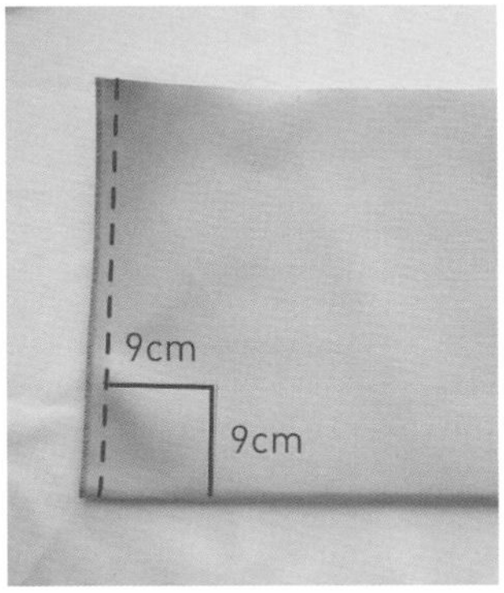

❸ 在兩側袋底畫出 9*9cm 正方型。

步驟 continue

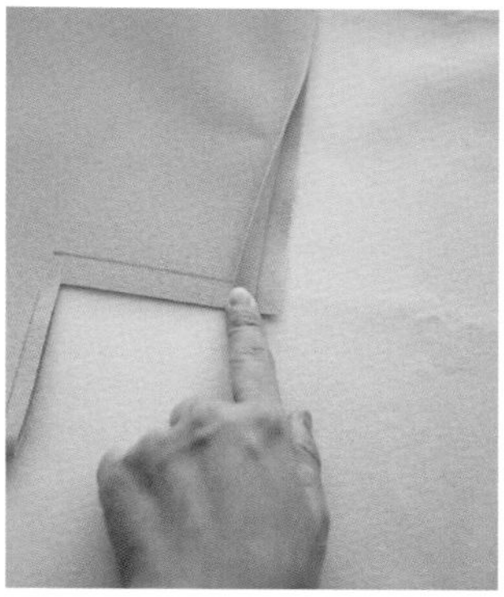

❹ 留 1cm 縫份剪下，側邊縫份燙開。

❺ 側邊縫份與底部中線對齊，抓出袋底 18cm。

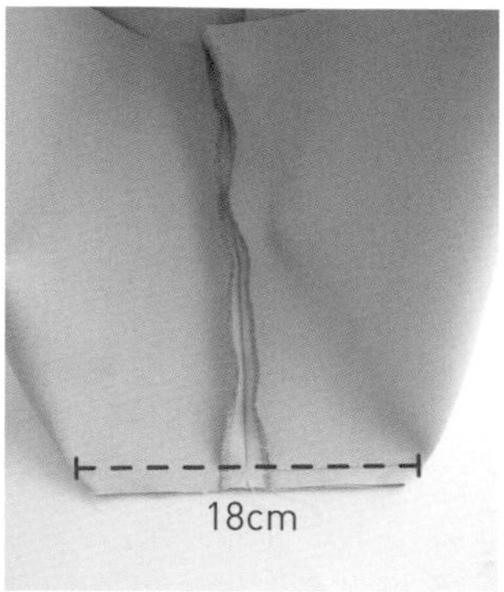

❻ 車縫完成。

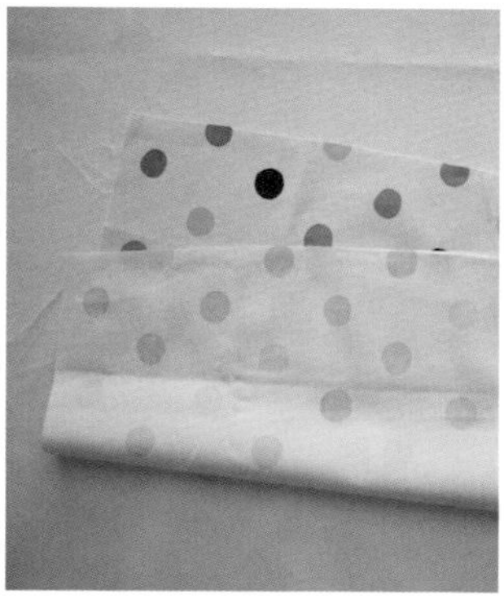

❼ 內裏口袋布對折。

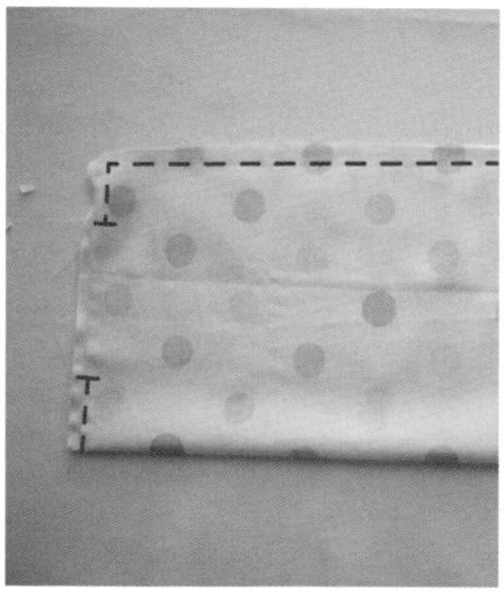

❽ 車縫三邊，在左側留一返口，翻回正面整燙。

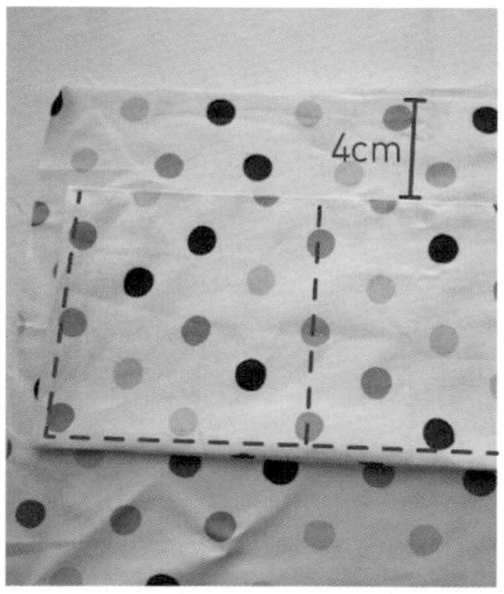

❾ 將口袋布固定在裏布上（距上方約 4cm），車縫三邊。口袋布中間加車一道口袋線分隔口袋。

步驟 continue

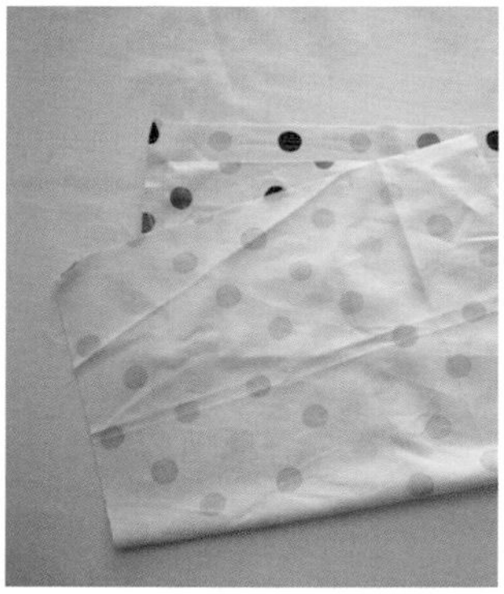

❿ 裏布對折，兩邊沿布邊 1cm 車縫。

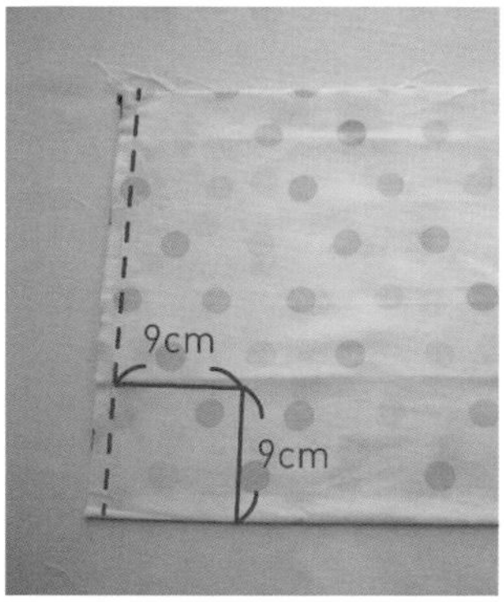

⓫ 兩側底部各畫出 9*9cm 正方型。

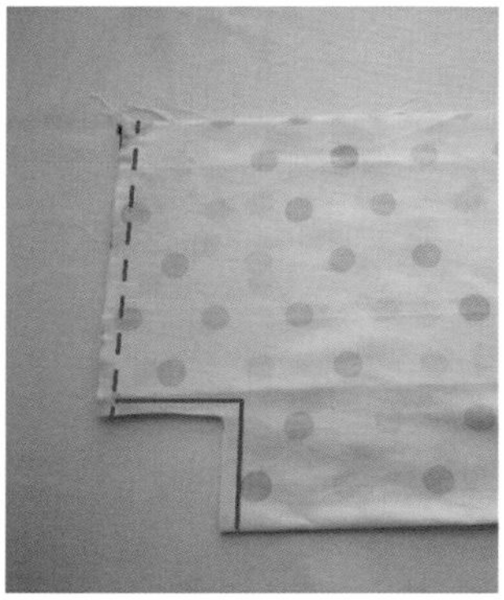

⓬ 留 1cm 縫份線後剪下。

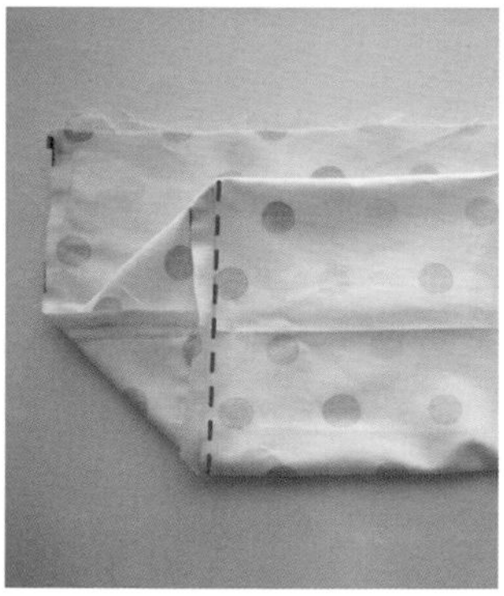

⓭ 車縫兩側袋底 18cm。

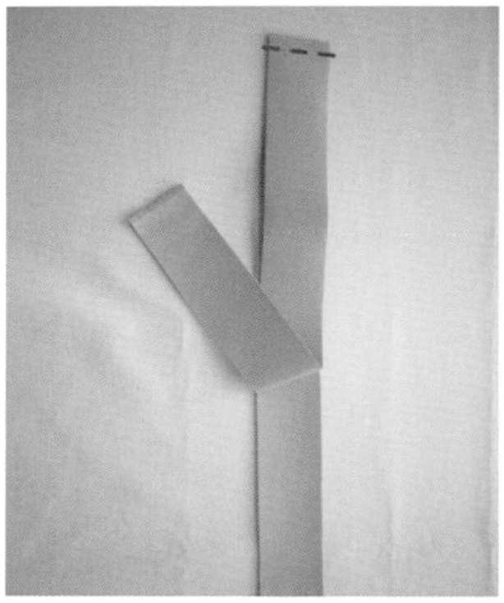

⓮ 袋口布正面相對。

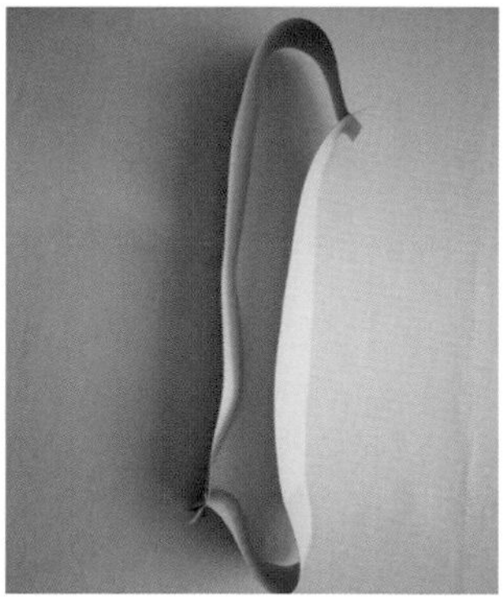

⓯ 車縫 2 側，縫份打開。

❻ 袋口布與裏布正面相對，布邊對齊，沿布邊1cm 車縫一圈。

❼ 縫份倒向下方，沿縫份線 0.2cm 壓線一圈。

❽ 提帶布布邊兩側往內折1cm 後，再對折，沿布邊0.2cm 車縫。

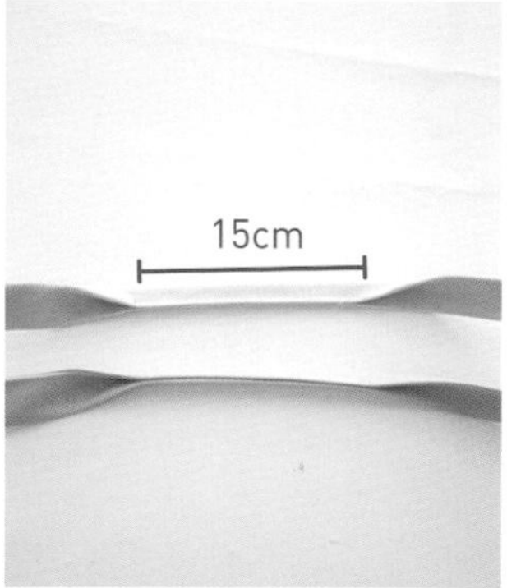

❾ 提帶布中心位置對折，再車縫 15cm，頭尾回針。

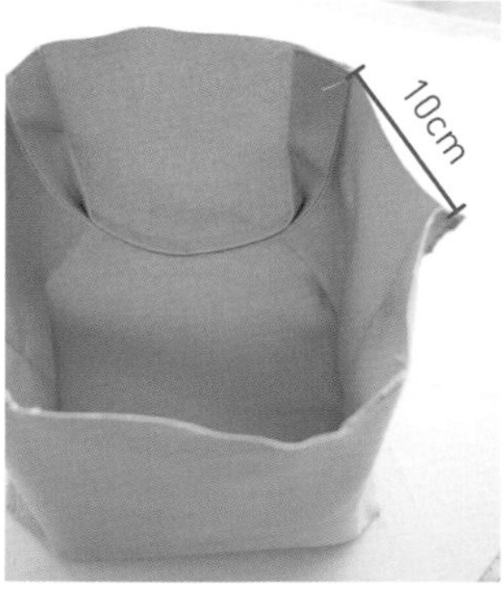

⓴ 將提帶固定在表布（正面相對），提把邊距離兩側邊 10cm。

㉑ 取 2*40cm 的帆布對折。

TIPS・

市售皮標可用槌子穿兩個洞口，成為可愛的皮釦縫在包包上。包包也可以嘗試用不同色系和布料製作，呈現不同風格，皮製把手作法可參考07 亞麻隨身小袋。

步驟 continue

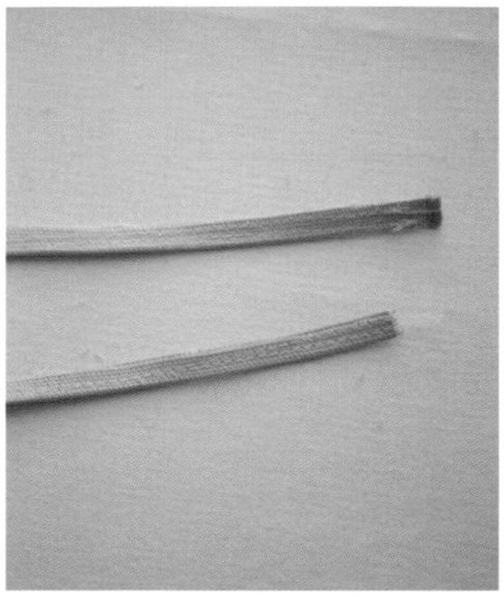

㉒ 不用收邊，車縫一道，成一條提帶形狀。

㉓ 裏布翻至正面，套入表布，開口車縫一圈，於前方留 20cm 返口。

㉔ 從返口翻回正面。

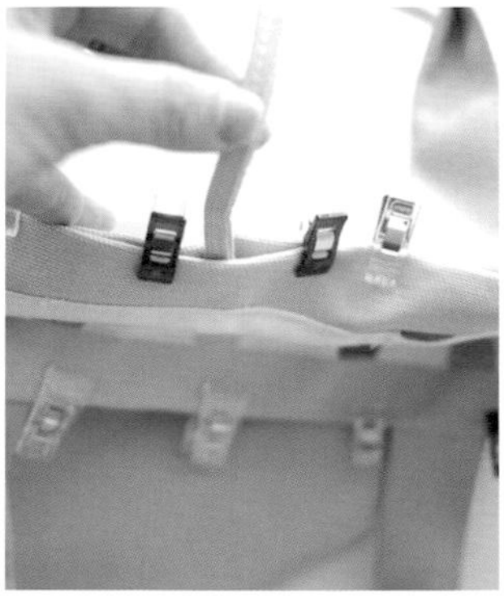

㉕ 將步驟㉒的綁帶尾端固定在返口位置的縫份上（約兩邊提帶中間位置）。

㉖ 沿袋口 0.2cm 壓線 1 圈。

㉗ 最後在布包表面縫上皮革裝飾標，即完成。

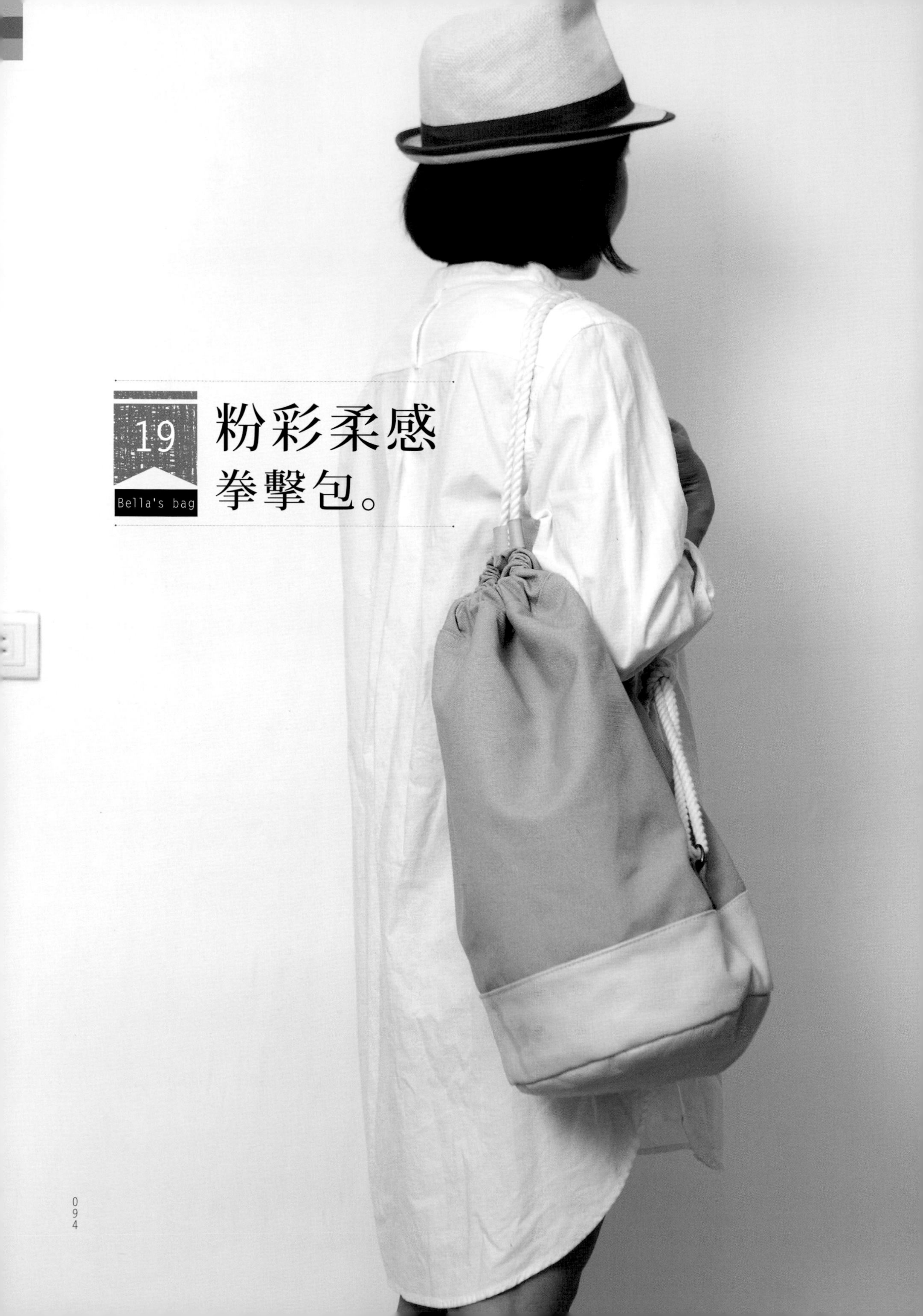

19

Bella's bag

粉彩柔感拳擊包。

PART3
輕彩系列─粉紫綠

粉色系色彩加上拳擊袋的造型，
為包款上帶來
設計上的衝突與樂趣。
是 Bella 很喜歡的設計喔！

材料（尺寸含縫份）

表布｜
表布 80*34cm ─ 1 片
表布軟皮革 80*10cm ─ 1 片
表布袋底軟皮革圓型直徑 27cm ─ 1 片
表布袋口束口布 80*10cm ─ 1 片

裏布｜
裏布 80*42cm ─ 1 片
裏布底布圓型直徑 27cm ─ 1 片
內裏口袋 40*40cm ─ 1 片

配件｜
雞眼釘 2mm ─ 2 組
粗繩直徑 1.5cm300cm ─ 1 條
皮革耳朵布 8*2.5cm ─ 2 個
皮革束口環─ 1 個
固定釦 1cm ─ 4 組
D 環 2.5cm ─ 2 個

步驟 let's get started

❶ 表布與軟皮革正面相對，布邊對齊，沿布邊 1cm 車縫固定。

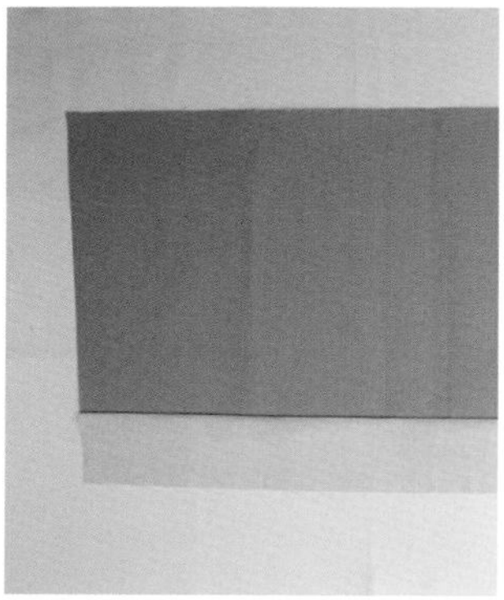

❷ 翻至正面，縫份倒向皮革。

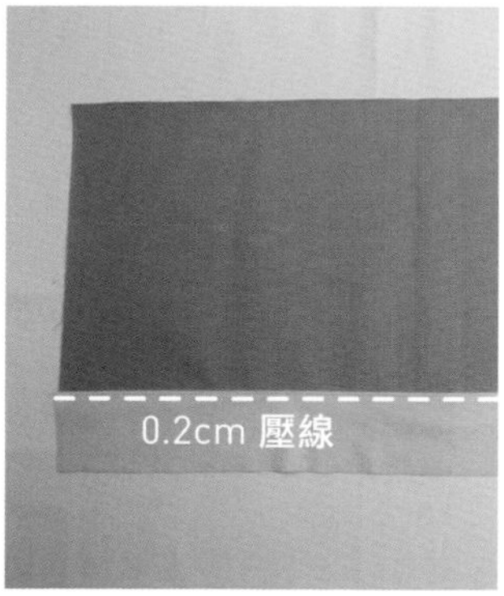

❸ 於皮革上壓線（可換皮革壓腳及皮革線）。

TIPS

步驟❶，可使用皮革車縫專用針線，以及皮革壓腳喔！

步驟 continue

❹ 左右對折，沿布邊 1cm 車縫。

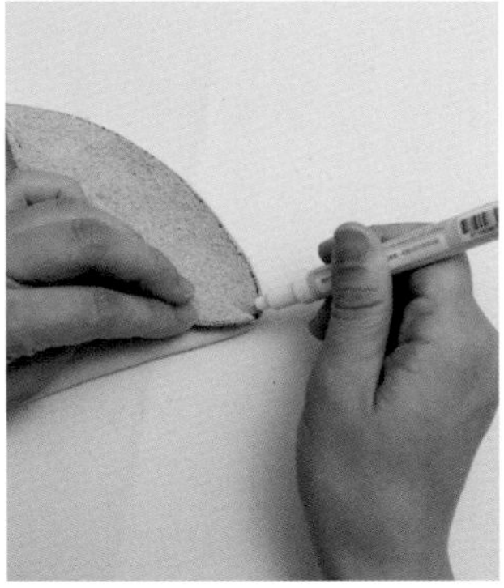

❺ 袋底圓型皮革對折，在中心記號線對折處標記記號。

❻ 另一邊同樣步驟。

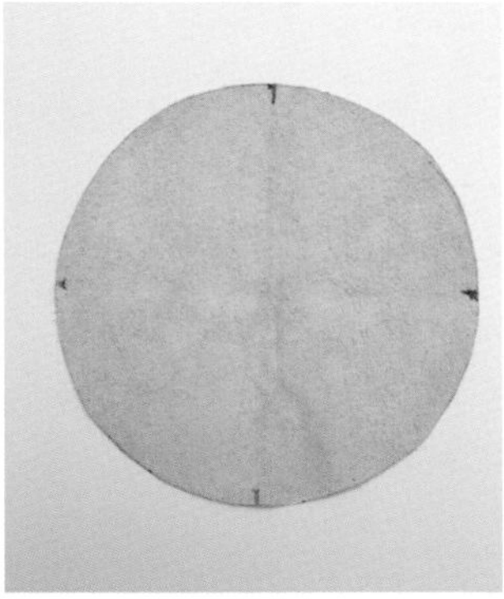

❼ 四邊都做上記號。

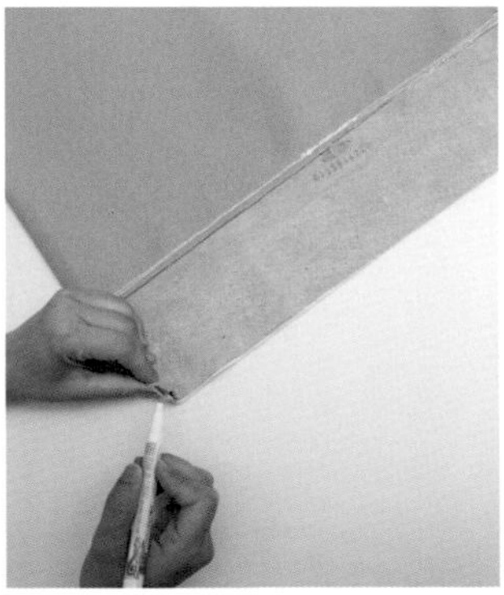

❽ 表布袋身攤平，對折處做出記號線。

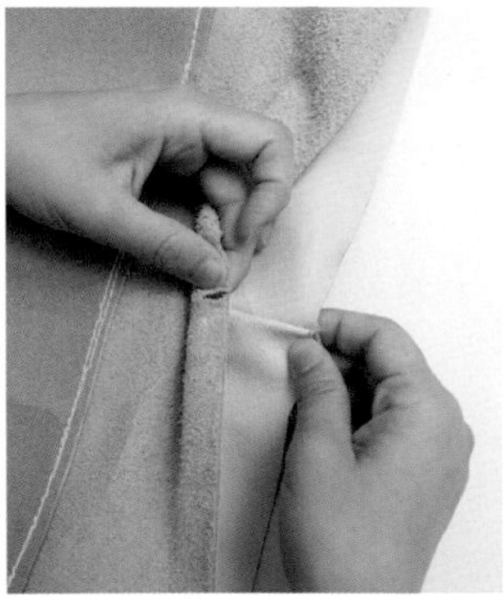

❾ 記號和縫份線相對，拉平。

❿ 另外兩側也做上記號。

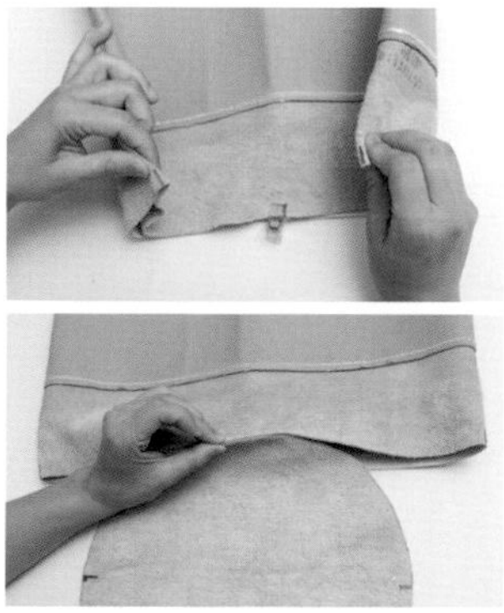

⓫ 袋身與圓形底布正面相對，底部記號點和表布袋身記號點，點點相對。

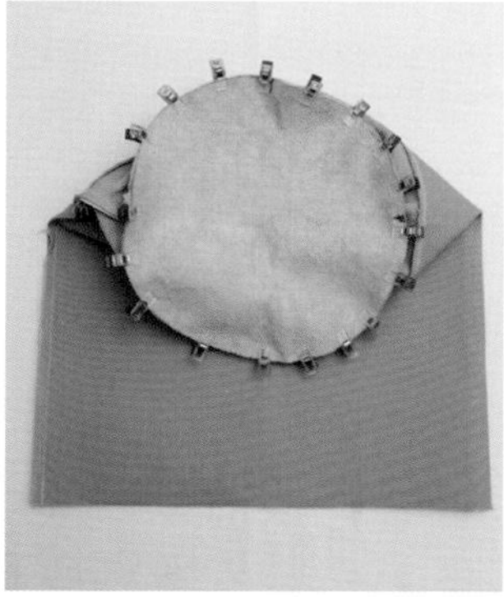

⓬ 用夾子將圓型底部和袋身固定一圈。

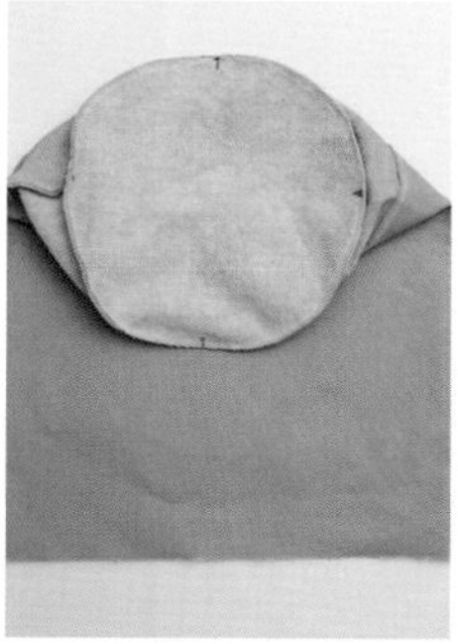

⓭ 沿布邊 1cm 車縫一圈。

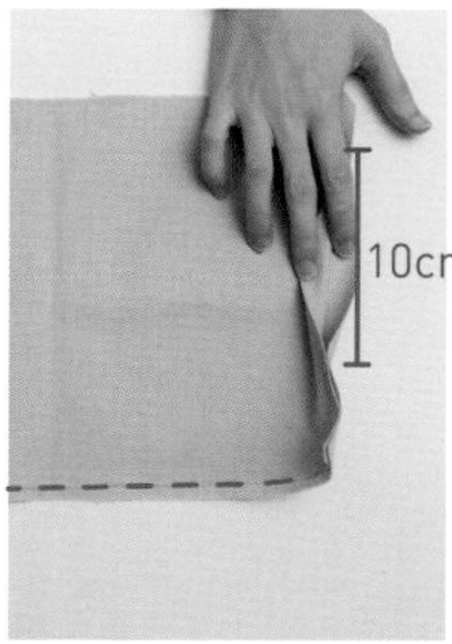

⓮ 內裏口袋布對摺，車縫ㄩ型，側邊留返口 10cm。

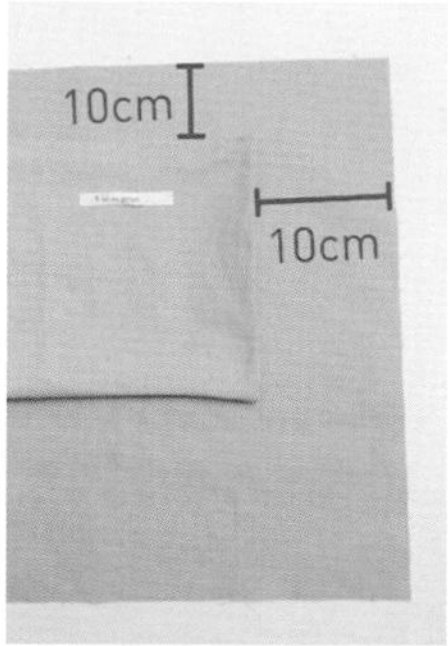

⓯ 翻回正面後，在右上方車縫標籤。並固定在裏布適當位置（距上方布邊 10cm、右側 10cm 處）。

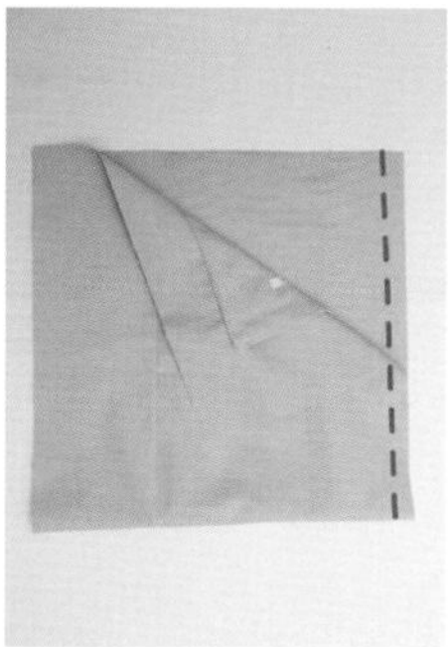

⓰ 正面相對，側邊沿縫份 1cm 車縫。

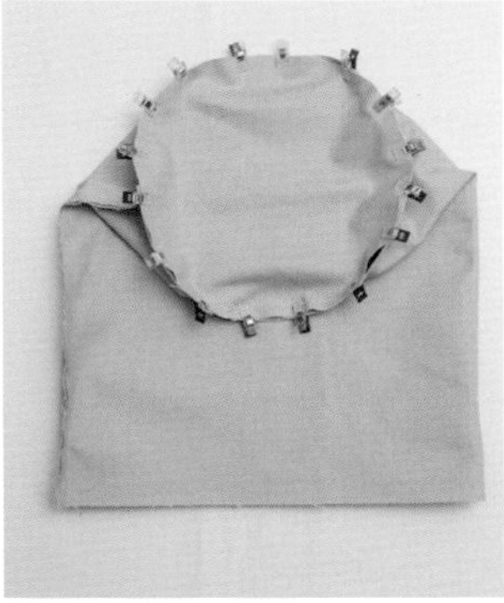

⓱ 用夾子將內裡底布和袋身布固定，同步驟⓫～⓬。

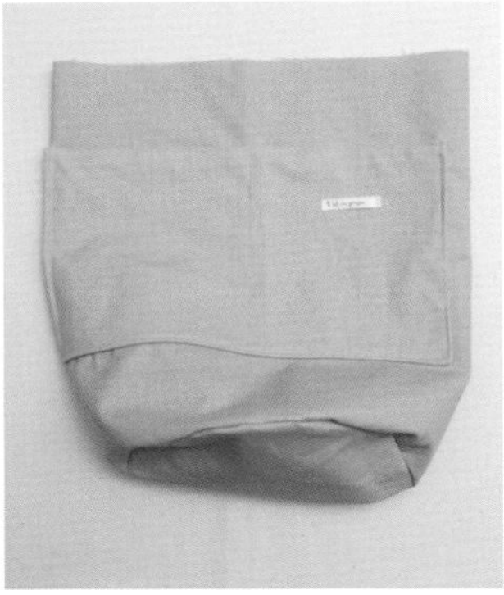

⓲ 車縫後翻回正面。

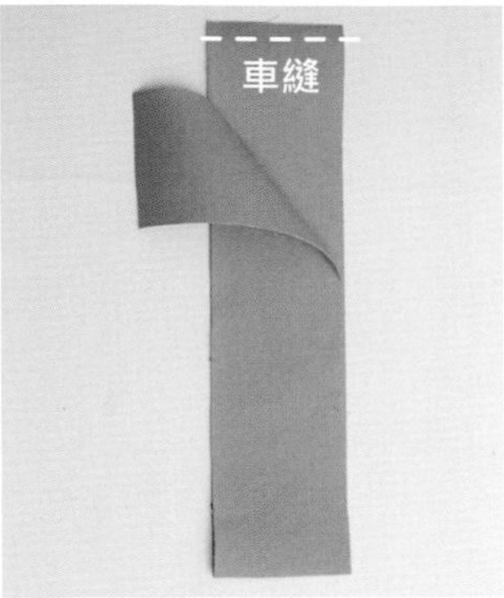

⓳ 袋口束口布正面相對對折，沿側邊 1cm 處車縫，作出記號點（另一面同）。

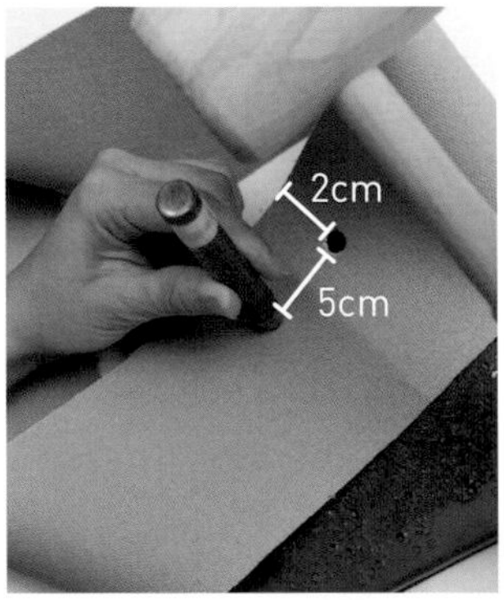

⓴ 記號處打洞，布寬中心點左右各打一個洞。

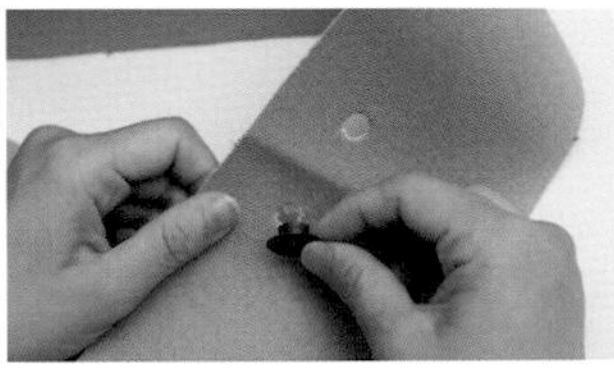

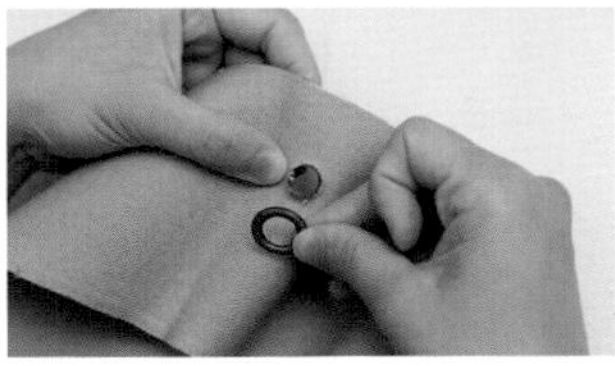

㉑ 裝上雞眼釘。

可參考 P.13，技法 8

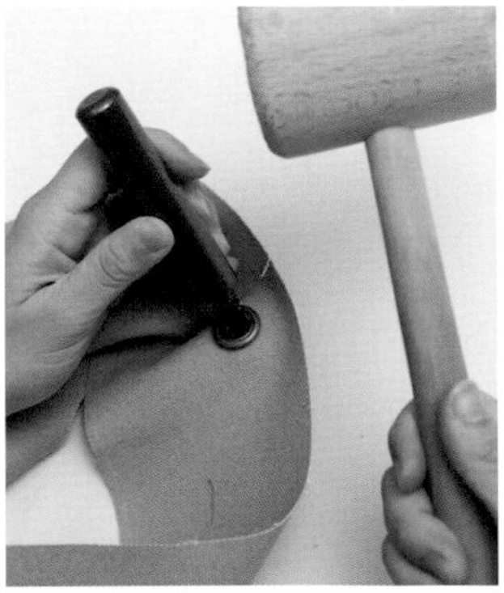

㉒ 釘牢。

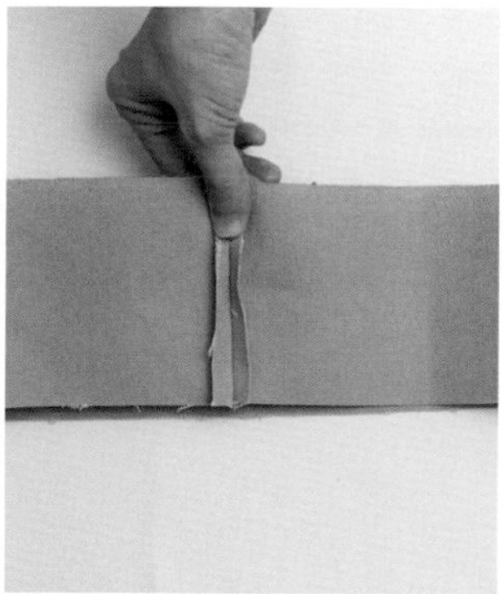

❷❸ 縫份攤開。

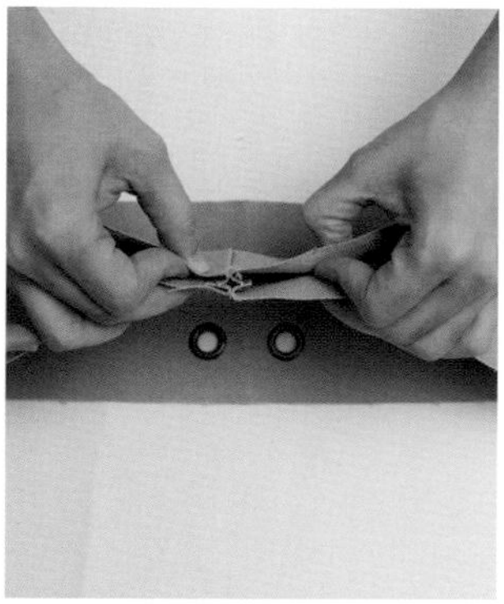

❷❹ 縫份兩端對齊後對折。

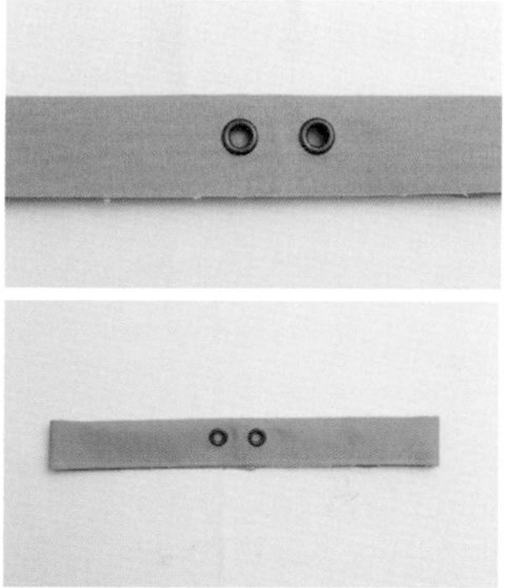

❷❺ 整圈對折。再將布邊疏縫，雞眼釘為正面。

❷❻ 將束口布與表布正面相對，兩個雞眼中心位置需對齊表布側邊縫份線，布邊對齊沿縫份0.7cm 車縫 1 圈。

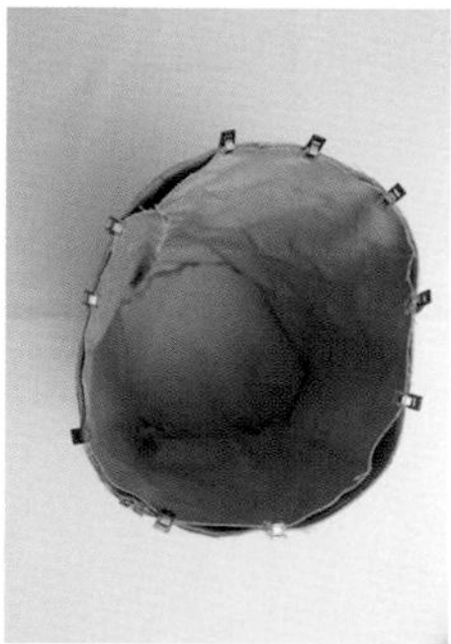

❷❼ 再將裏布與表布正面相對套入，用強力夾固定，留縫份 15cm。布邊對齊，沿縫份 0.7cm 車縫一圈。

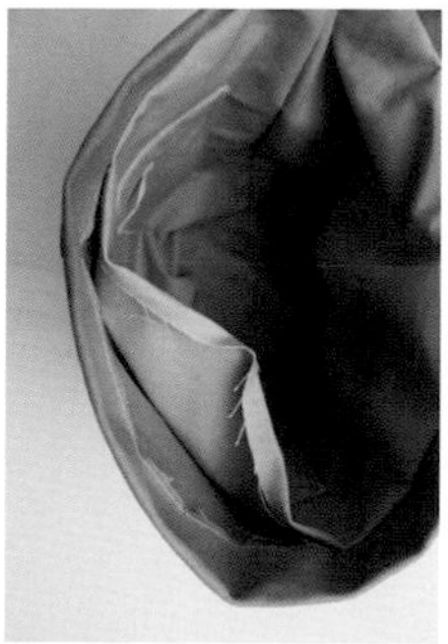

❷❽ 翻回正面，將返口整理好，用藏針縫縫合返口。

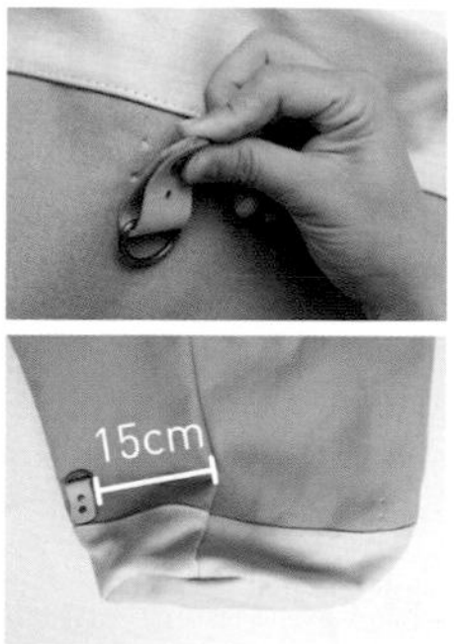

❷❾ 將D環放入皮革耳朵內，在距離包包側邊縫份線 15cm 處用固定釦安裝。

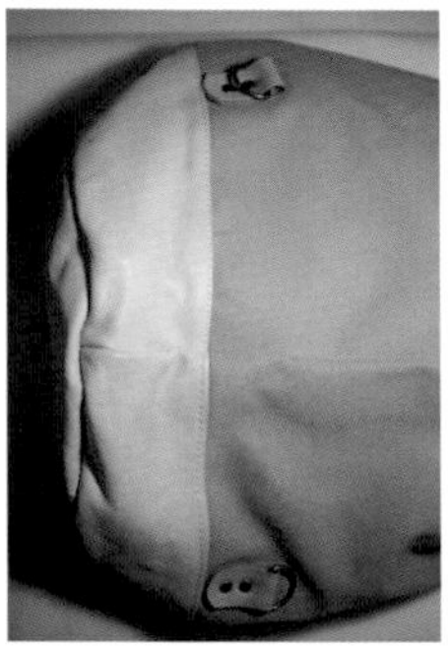

㉚ 另一邊同樣安裝扣環。

㉛ 用穿帶器將粗繩穿過雞眼釘。

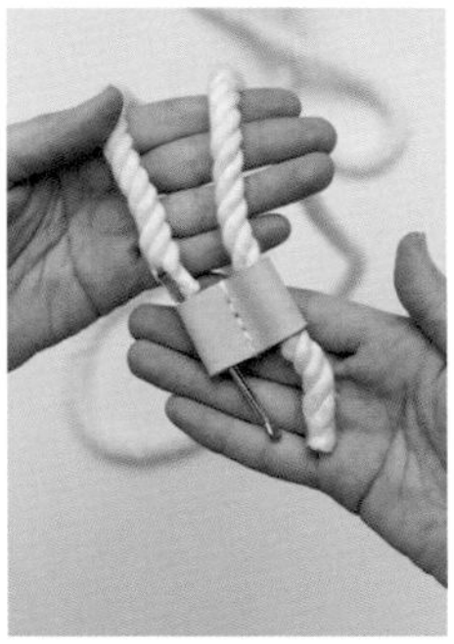

㉜ 確認粗繩兩邊等長後，再用穿帶器分別將粗繩兩頭穿進皮革束口環。

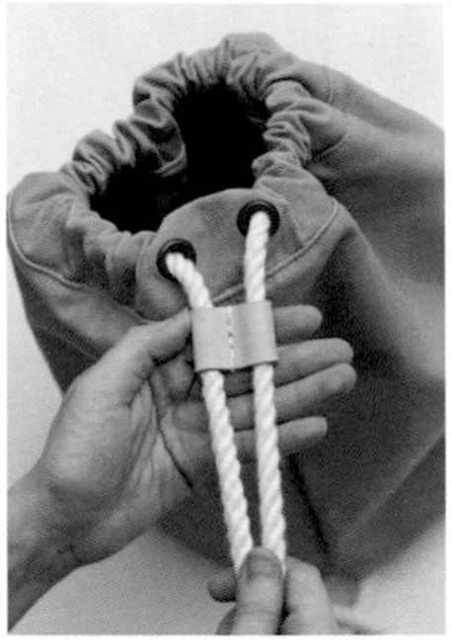

㉝ 將皮革束口環拉緊，調整至頂端。

㉞ 將粗繩一頭穿過一側 D 環。

㉟ 右側粗繩頭往前繞過左側粗繩。

㊱ 再繞一圈。

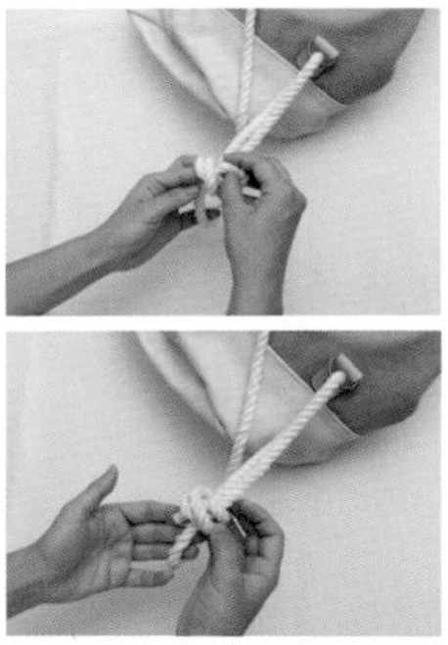

㊲ 打結。另一側同步驟㉞～㊲。即完成。

20

Bella's bag

彩色寶石托特包。

材料 （尺寸含縫份）

表布（需貼襯）｜
48*40cm — 2片

裏布｜
48*40cm — 2片

提帶｜
皮革 54*1.6cm — 2條

內裏口袋｜
45*13cm — 2片

零件｜
按壓式四合釦 10mm — 2組
裝飾布 48*9cm — 2片

步驟 let's get started

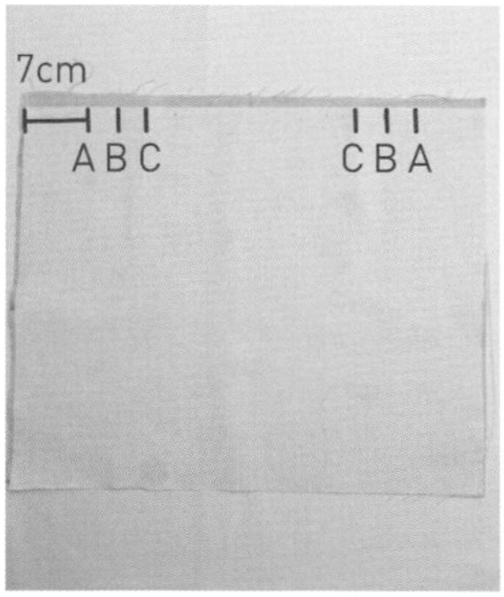

❶ 表布貼襯。並於兩側7cm、10cm、13cm處畫上記號。

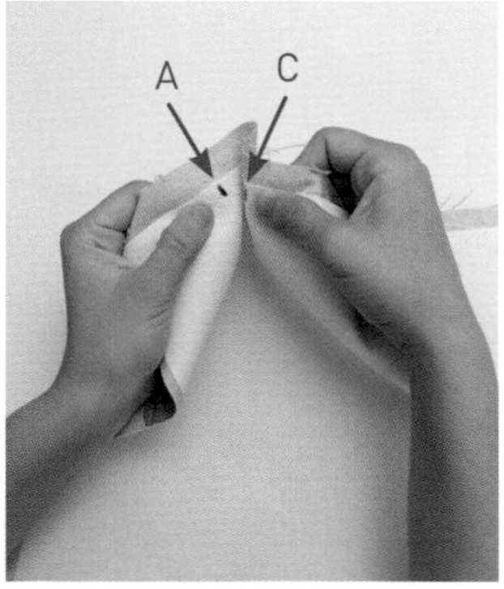

❷ A、C兩點相對。

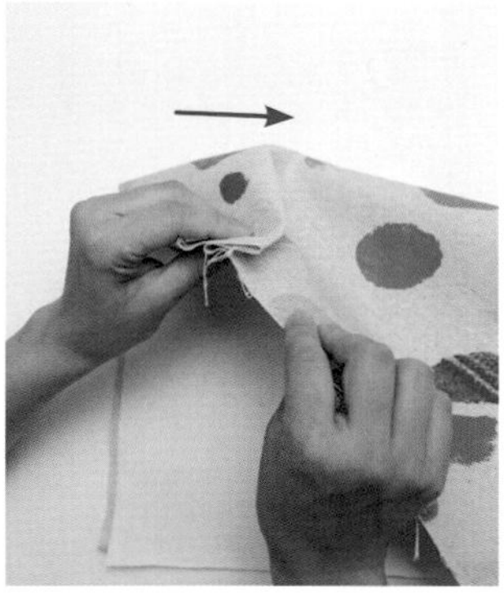

❸ 打摺處往右倒，疏縫固定打摺處。

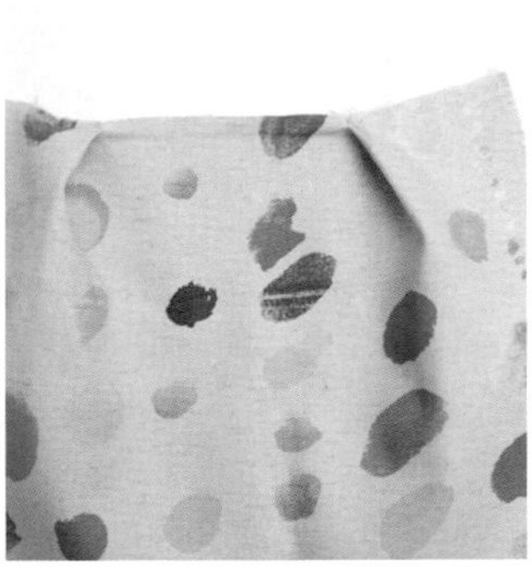

❹ 另一邊也同樣步驟（注意打摺處往相反的左邊倒）。

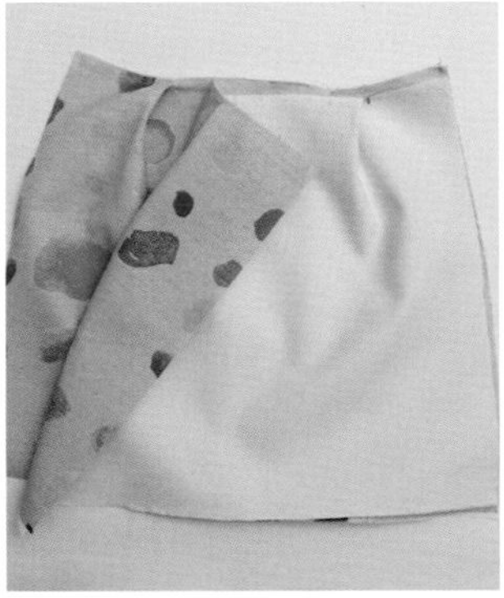

❺ 表布正面相對。

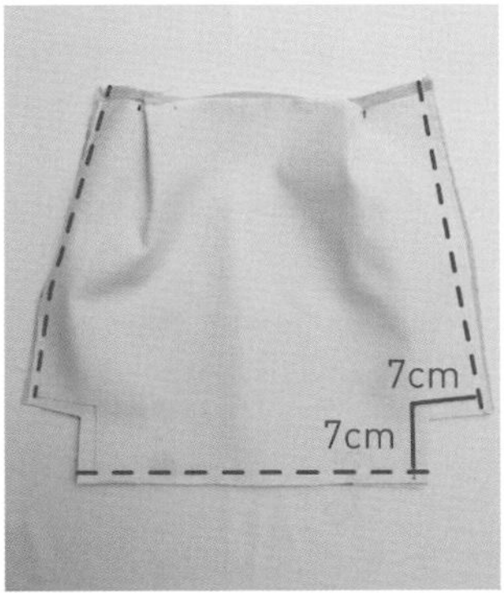

❻ 車縫。兩側袋底畫上 7*7cm 正方型，留 1cm 縫份後剪掉。

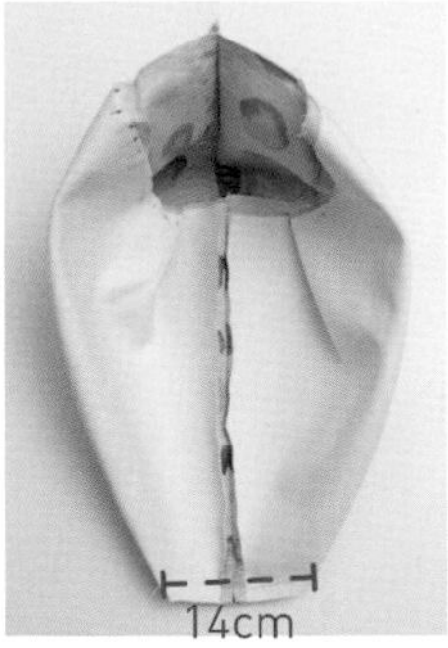

❼ 正方型洞口打開，兩側袋底車縫 14cm（袋身與袋底縫份線需對準）。

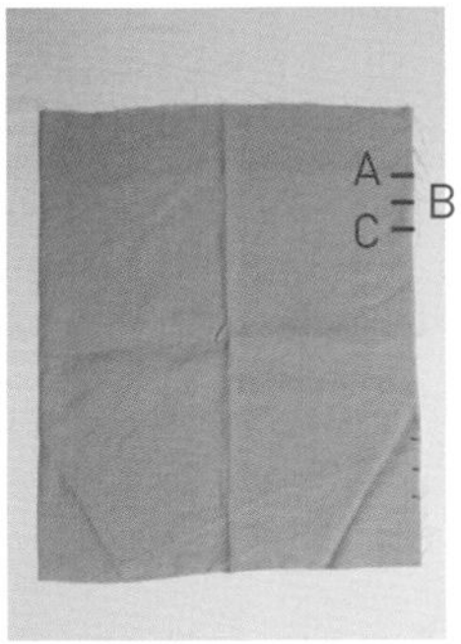

❽ 裏布相對，並並於兩側 7cm、10cm、13cm 處畫上記號。

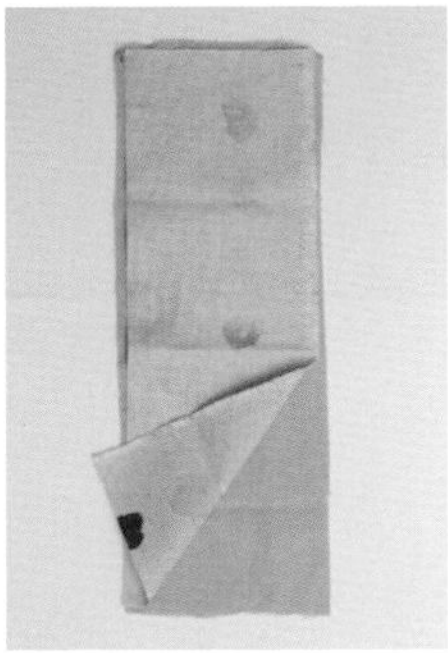

❾ 口袋布正面相對。

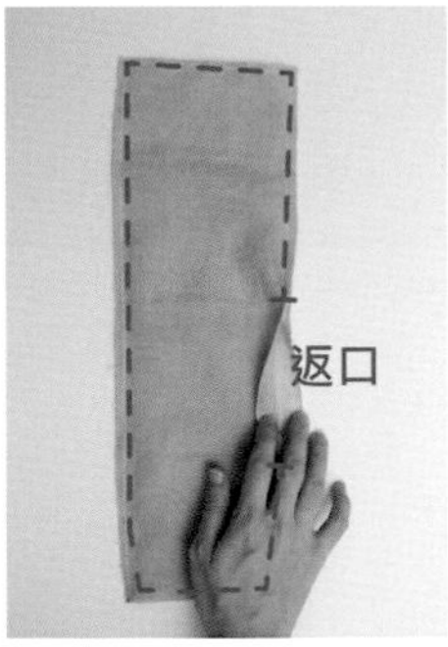

❿ 口袋布沿布邊車縫口型，並留 8cm 的返口。

TIPS

步驟⓫，口袋分隔線的距離，請依照自己的需求分隔喔！

步驟　continue

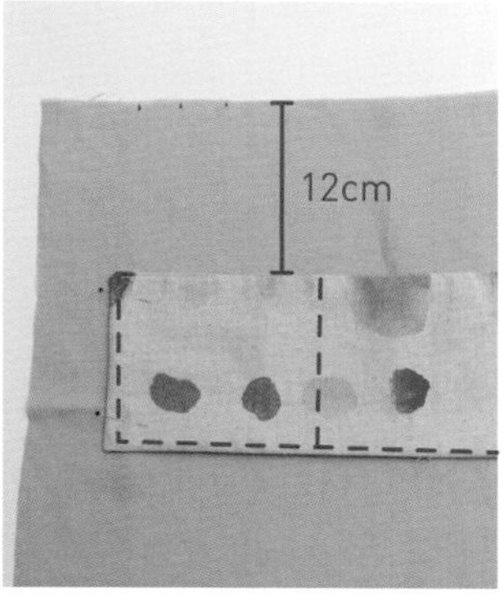

⓫ 口袋布翻回正面整燙（返口置於下方），並固定在內裏布上（距上方約12cm 處置中），車縫口袋分隔線）。

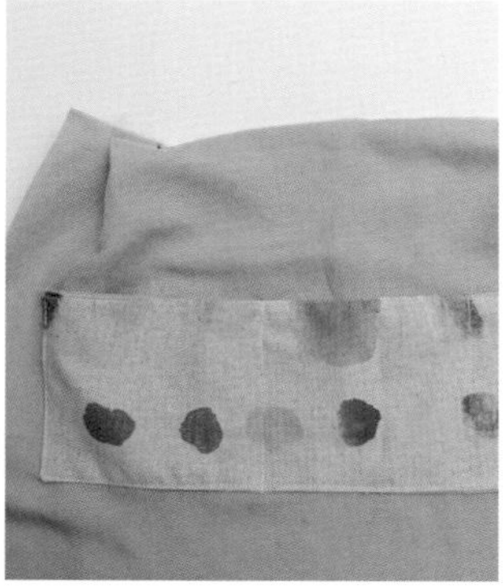

⓬ 裏布上方兩側 A、C 點對齊後將打摺處往外側倒，並疏縫固定（表布為往內倒）。

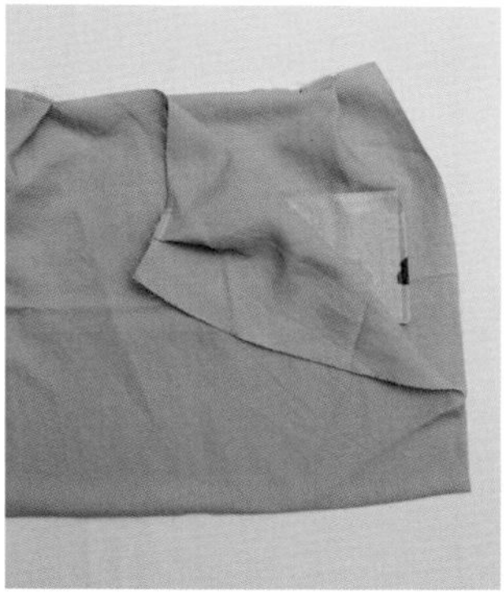

⓭ 裏布正面相對車縫ㄩ型。

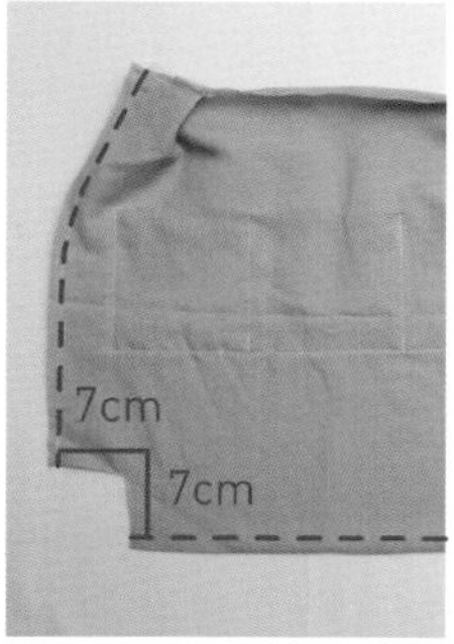

⓮ 剪去兩側袋底，車縫底袋 14cm。

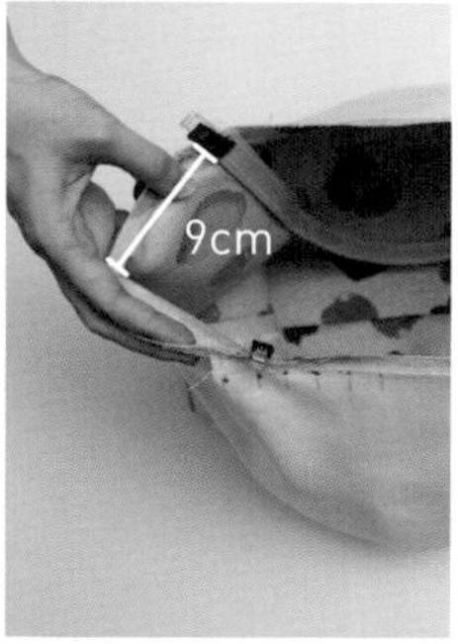

⓯ 兩側提帶距側邊縫份線 9cm 處，車縫固定。

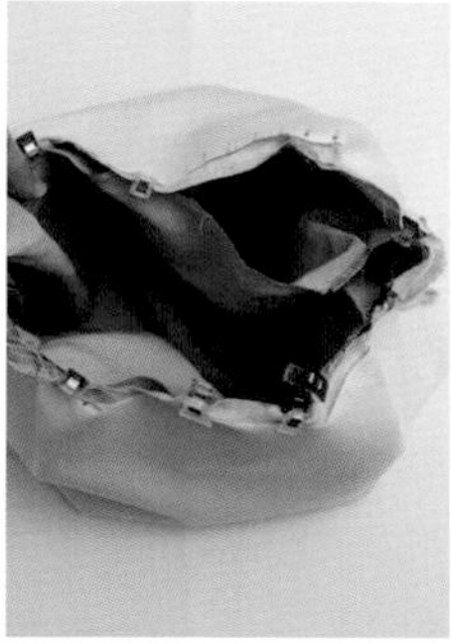

⓰ 將表、裏布正面相對套入，袋口布邊用強力夾固定。留 15cm 返口。

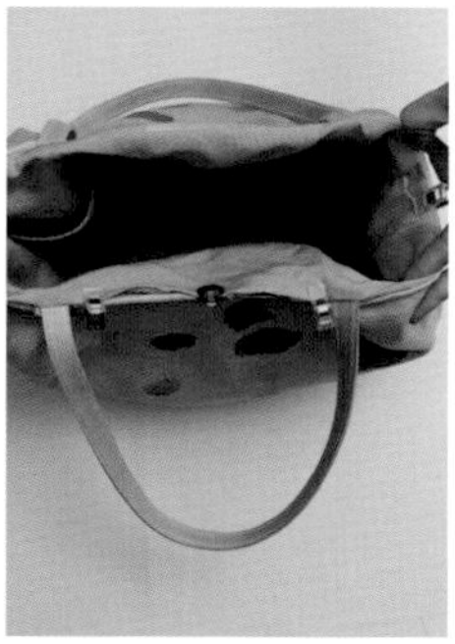

⓱ 沿布邊 1cm 車縫一圈後，由返口翻回正面。袋口沿布邊 0.2cm 壓線一圈，完成。

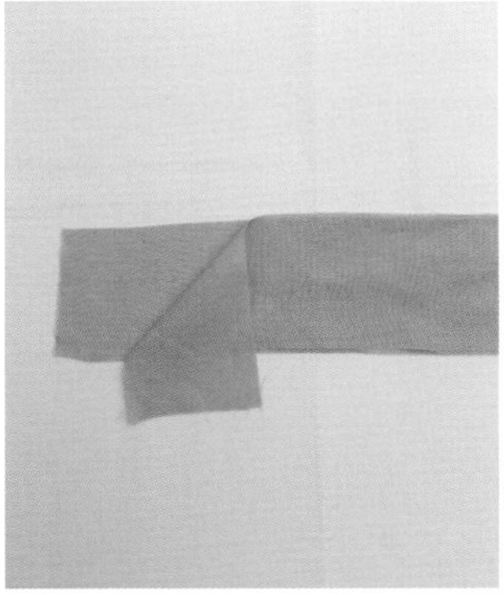

⓲ 裝飾布正面相對。

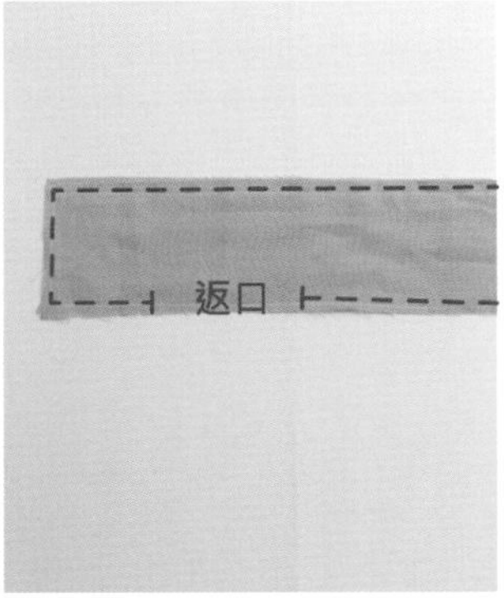

⓳ 車縫一圈，留返口10cm。翻回正面整燙壓線。

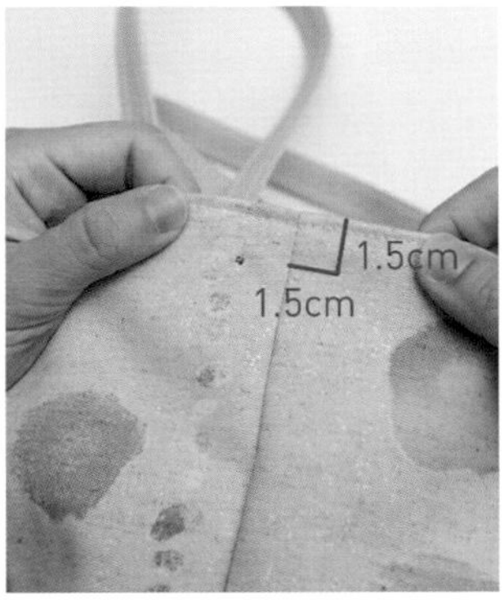

⓴ 距縫份線1.5cm、上側1.5cm記號點打洞（左右兩個洞）。

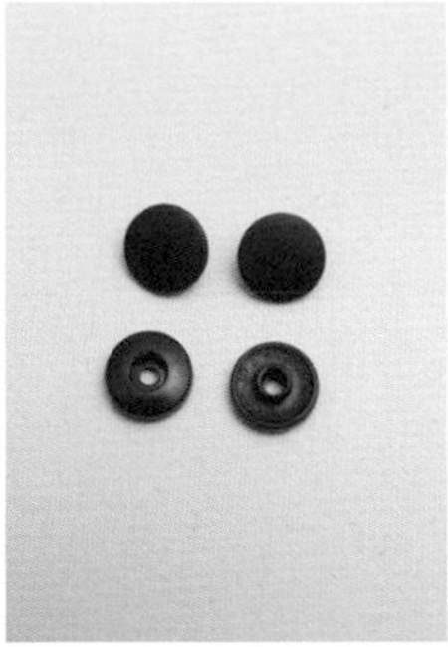

㉑ 備妥兩組按壓式四合釦。

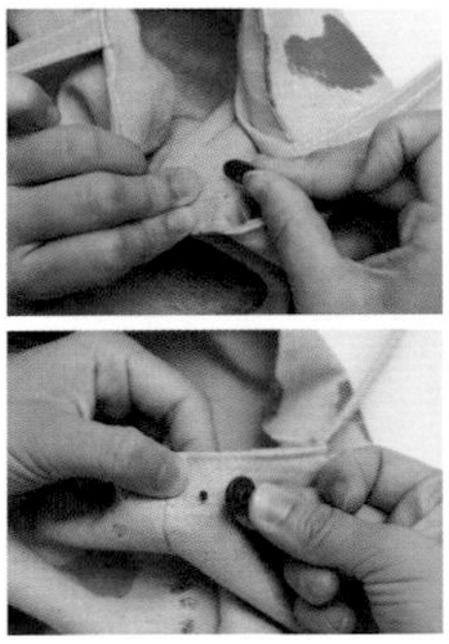

㉒ 先在一個洞裝上子釦。

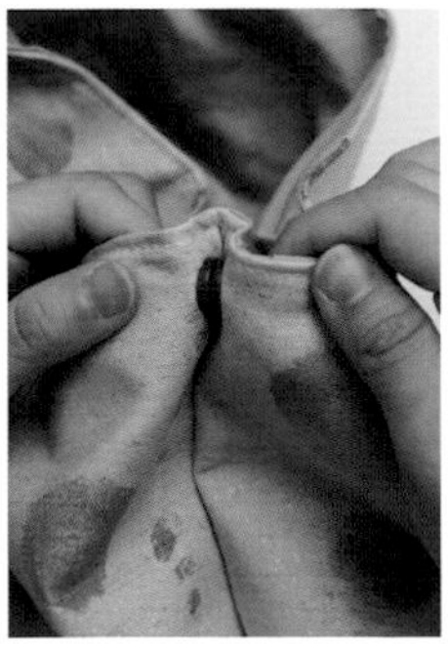

㉓ 另一側裝上母釦。

㉔ 最後繫上裝飾布，即完成。

21

Bella's bag

旅行口金包。

PART3
輕彩系列—粉紫綠

材料 （尺寸含縫份）

表布｜
帆布 58*96cm — 1 片
口袋表布（棉布）30*20 cm — 1 片
（燙襯襯含縫份）
口袋裏布 30*20cm — 1 片

裏布｜
內裏帆布 58*96cm — 1 片

提袋｜
八號帆布 70*10cm — 2 條
八號帆布 110*10cm — 1 條
織帶 70*3cm — 2 條
織帶 110*3cm — 1 條

配件｜
碼裝拉鍊 70cm — 1 條
拉鍊頭— 2 個
固定釦 6mm — 2 個
固定釦 10mm — 16 個
固定釦 8mm — 1 個
D 環— 2 個
日環— 1 個
龍蝦勾— 2 個
四合釦— 1 組
皮革 10*2.5cm — 1 片
皮革貼片 3.5*3cm — 4 片
（短揹帶使用）
皮革貼片 5*3cm2 —片
（長揹帶使用）
皮革貼片（半圓）3*3cm — 4 片
（拉鍊頭尾）
口金支架 35cm — 1 個
底板 17*35cm — 1 片

步驟 let's get started

❶ 口袋表布貼襯，與裏布正面相對。

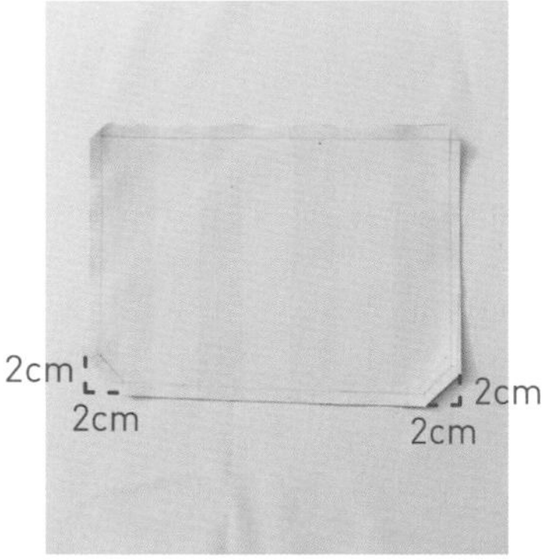

❷ 兩底部畫出斜角，留 10cm 返口，四周車縫後剪斜角。

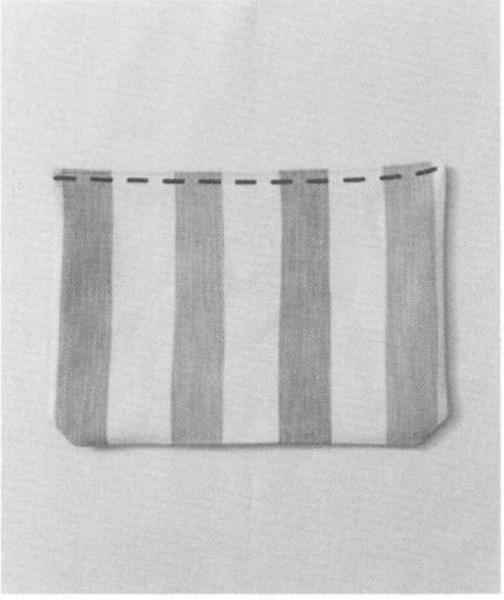

❸ 翻回正面，整燙後上方沿布邊 0.2cm 壓線。

TIPS

此款包包的內裏口袋請自己依照需求增加喔！

步驟 continue

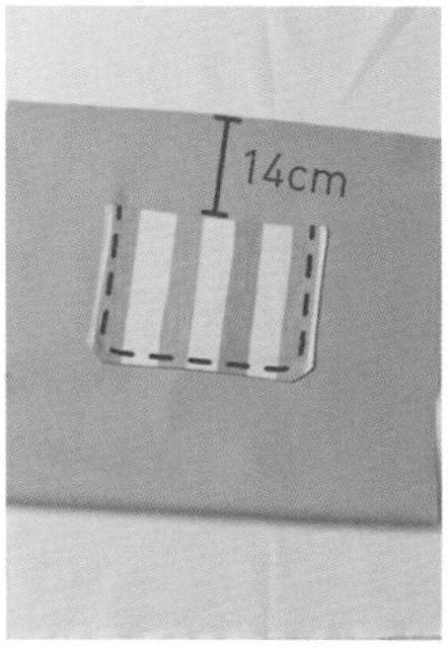

❹ 將口袋布車縫在表布上（可用珠針固定），離上方14cm左右置中。

❺ 袋口兩側用6mm的固定釦固定。

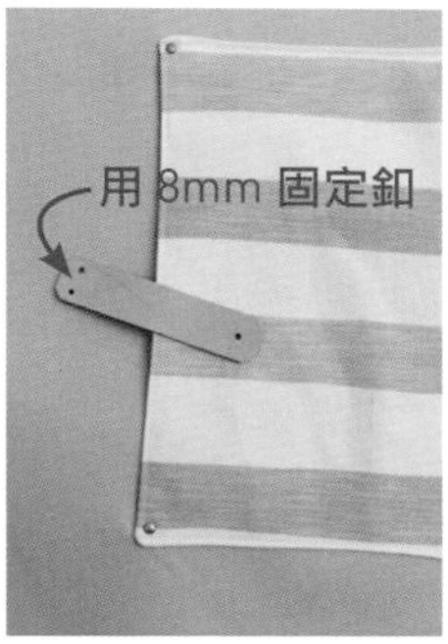

❻ 安裝皮片：用8mm固定釦將皮革尾端固定在表布上。

❼ 口袋及皮革安裝四合釦。

可參考P.10，技法2

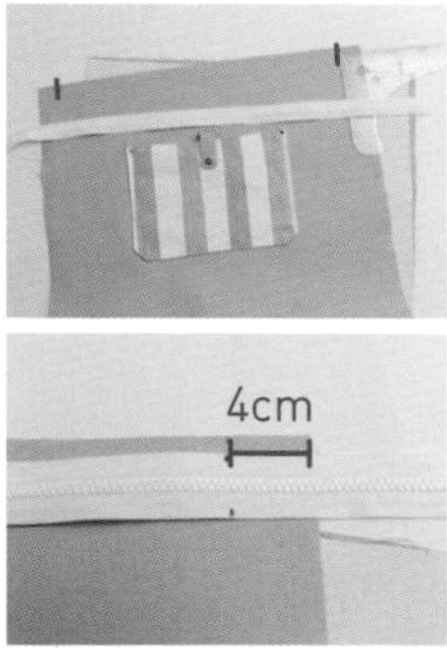

❽ 表布短邊兩側標出止縫記號(4cm)。

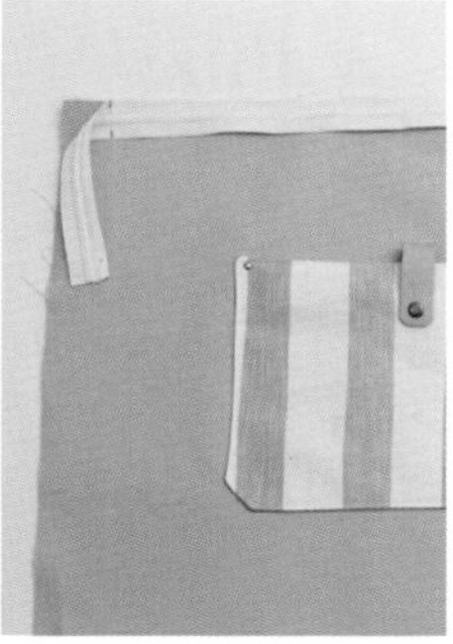

❾ 安裝碼裝拉鍊，於頭尾止縫點回針車縫。

❿ 裏布與表布正面相對，將拉鍊夾在中間。

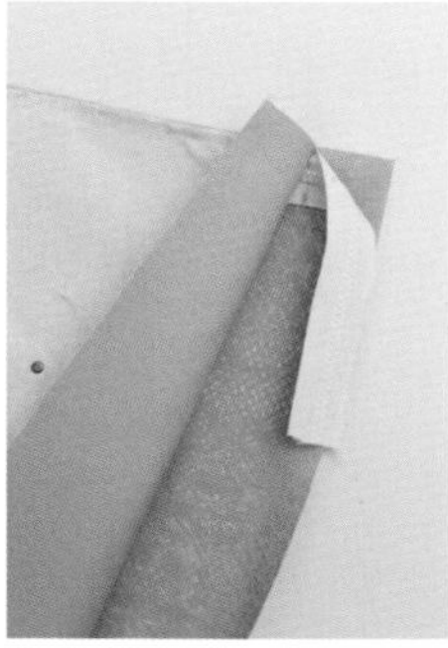

⓫ 表布、拉鍊、裡布、對齊並車縫至止縫點。

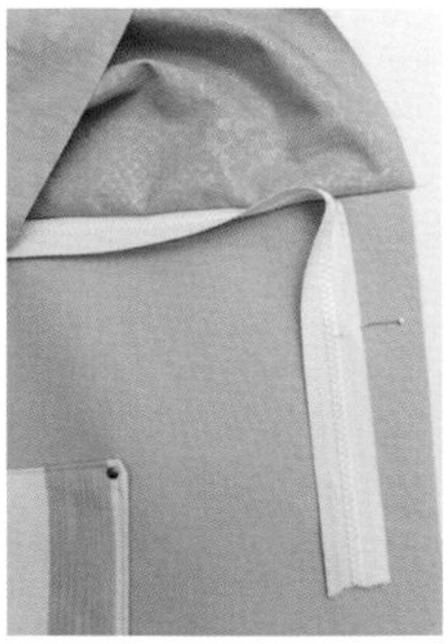

⓬ 用珠針將拉鍊往下方先固定住，再繼續將表布及裏布車縫完成。

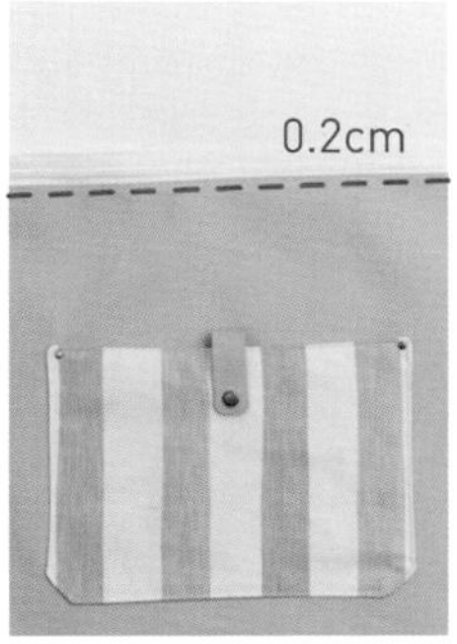

⓭ 拉鍊正面 0.2cm 壓線至「止縫點」。

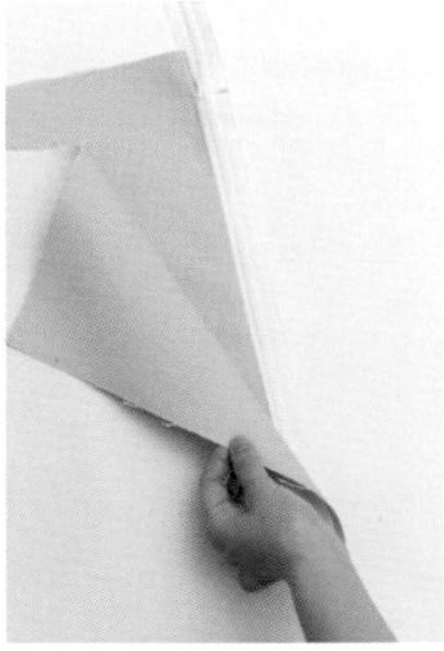

⓮ 將表布的另一端反折，與拉鍊另一端接合，同步驟❽～⓭。

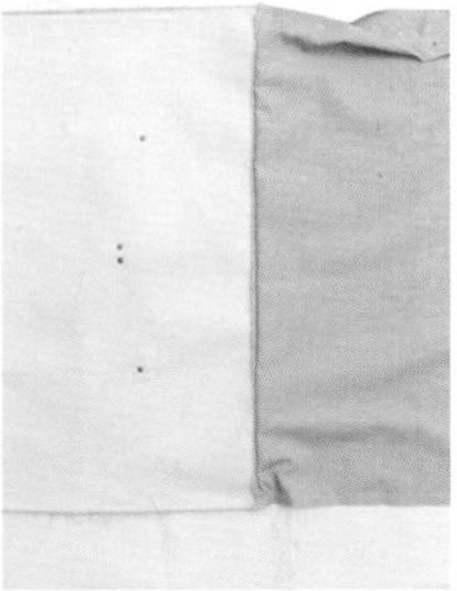

⓯ 翻回背面，將拉鍊內收。

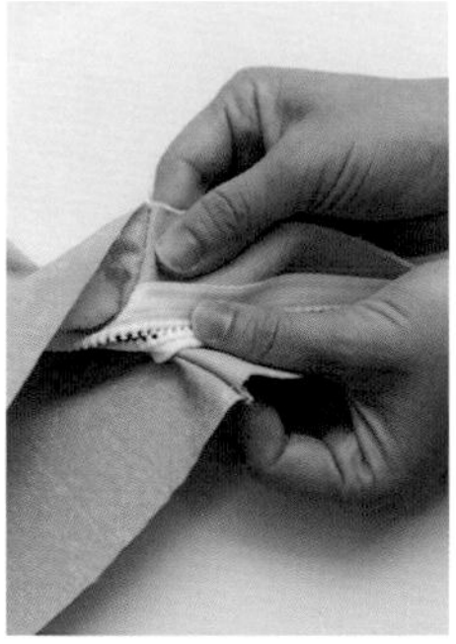

⓰ 縫份線對齊。

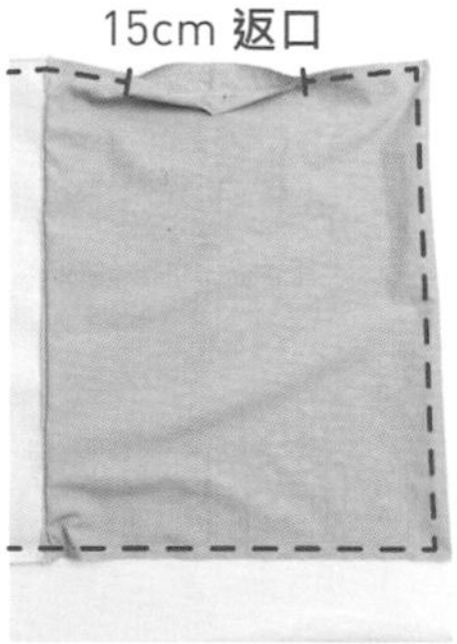

⓱ 車縫一圈，裏布留一 15cm 左右返口（注意不要車到拉鍊）。

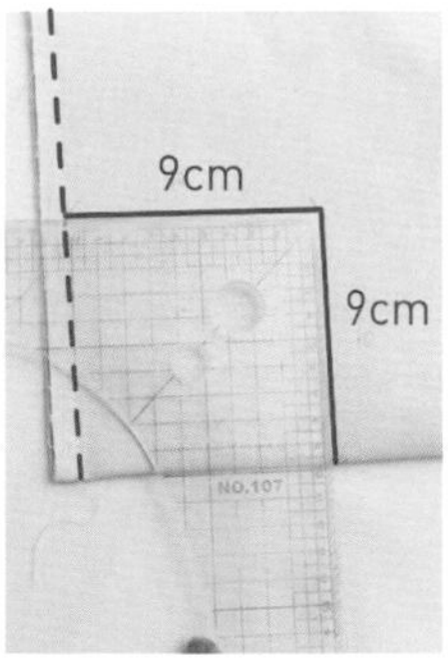

⓲ 扣掉縫邊，畫 9cm*9cm 的正方型。

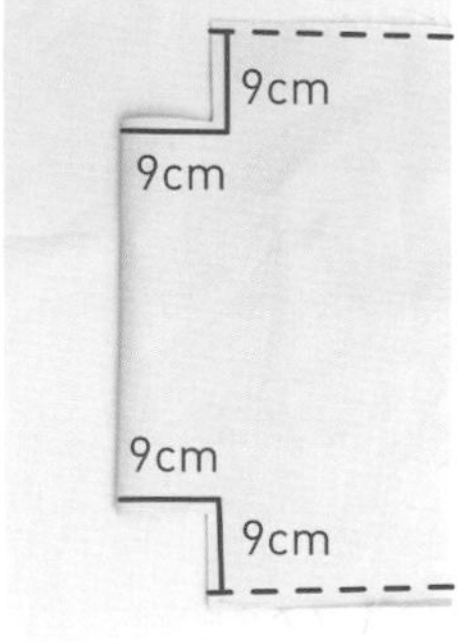

⓳ 留 1cm 縫份剪下。（表布、裏布的四個底角都依照相同作法）。

步驟 continue

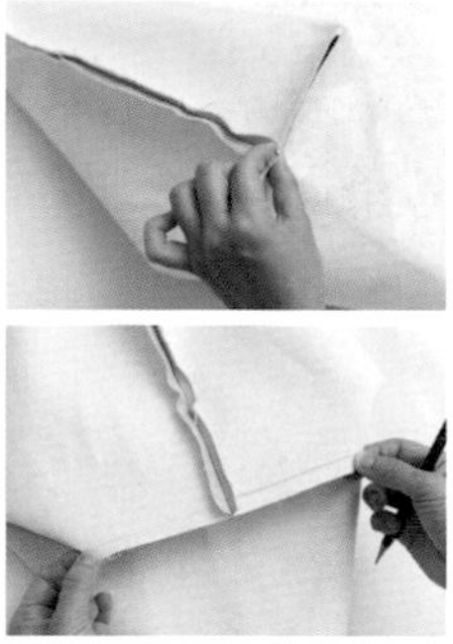

⓴ 抓底角，沿布邊 1cm 車縫，袋底 18cm。

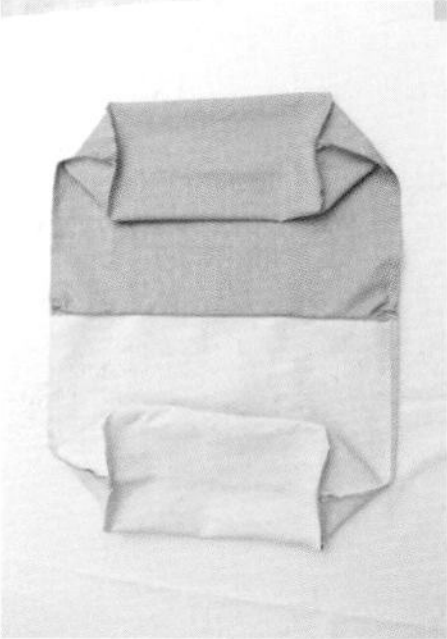

㉑ 表、裏布四個角都相同作法。

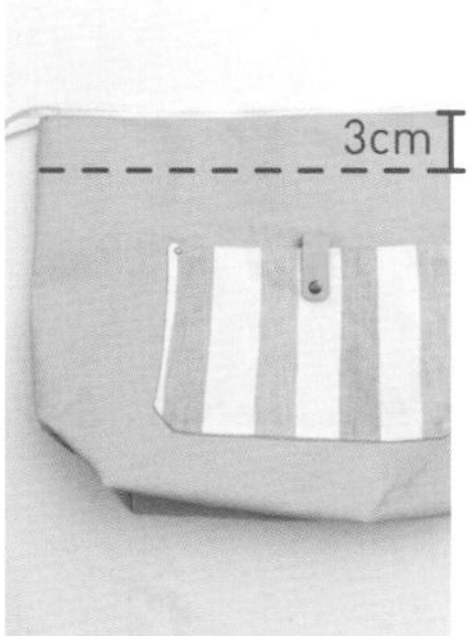

㉒ 從返口翻回正面，在距離拉鍊 3cm 處壓線

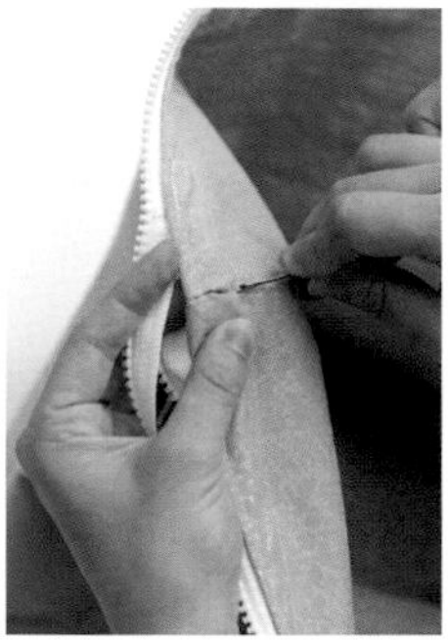

㉓ 用拆線器挑開內裏上側 3cm 的縫份。

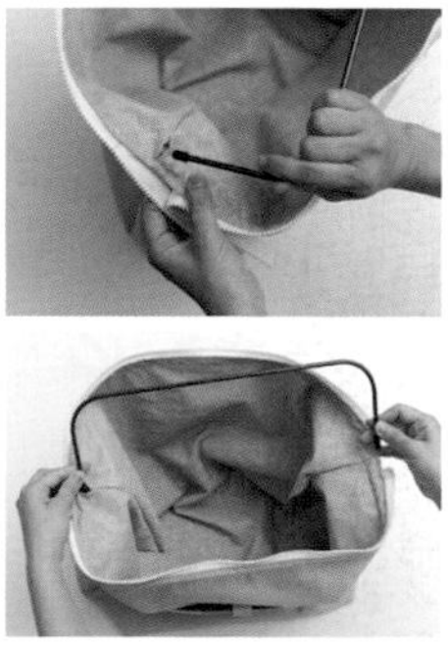

㉔ 在兩側開口處裝入ㄇ型口金。

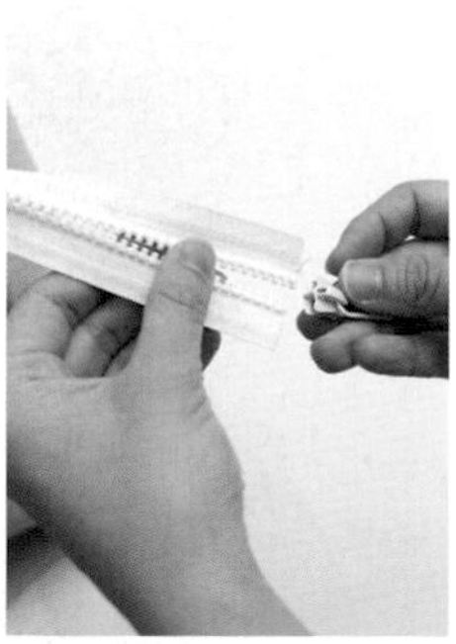

㉕ 分別從拉鍊兩頭安裝拉鍊頭。

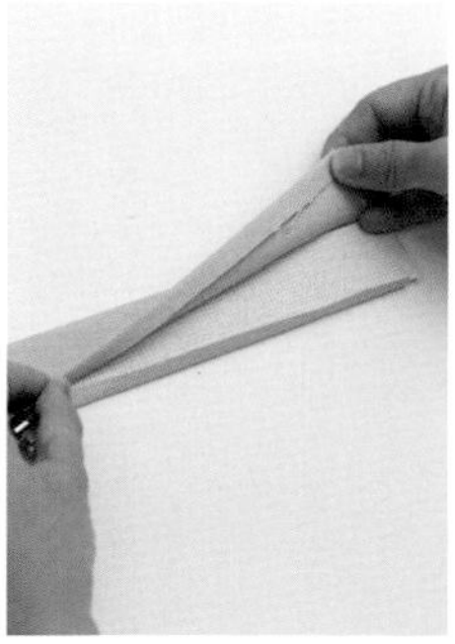

㉖ 表布對折並包住織帶，多餘的表布往內反折對齊。

㉗ 沿布邊 0.2cm 車縫壓線。

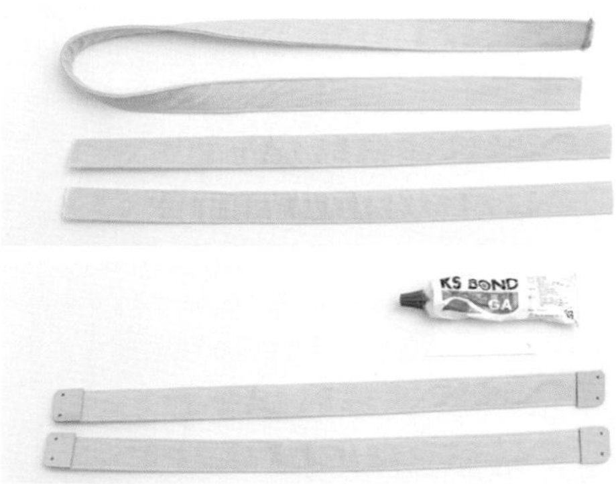

㉘ 將 3 條揹帶縫合完成。在短揹帶兩頭以強力膠黏上皮革，膠乾後打洞。

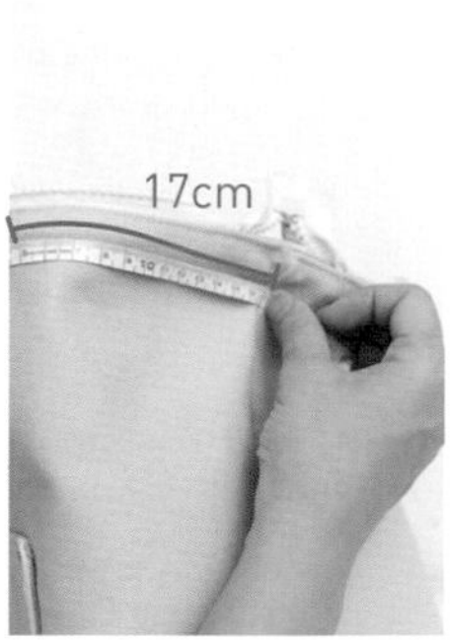

㉙ 短揹帶與側邊縫份線約 17cm。

㉚ 短揹帶使用 1cm 固定釦釘上背包。

㉛ 1cm 固定釦安裝側面皮革耳朵（距包包側邊 2cm 處）。

㉜ 在拉鍊頭尾以平針縫上皮革。

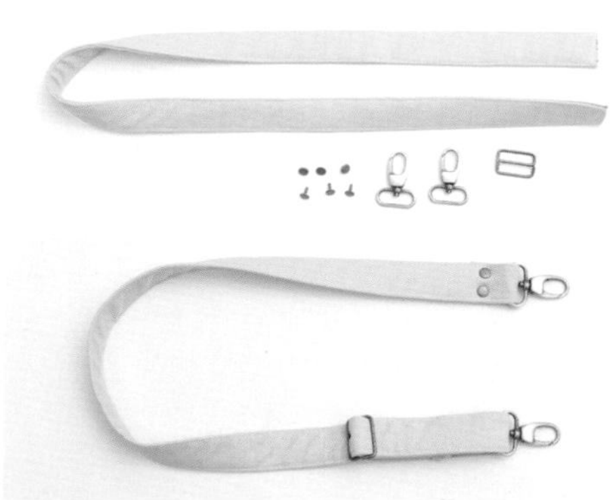

㉝ 安裝可拆式揹帶，就完成囉！

可參考 P.11，技法 3

PART 4

純淨白系列

22 白熾包。

Bella's bag

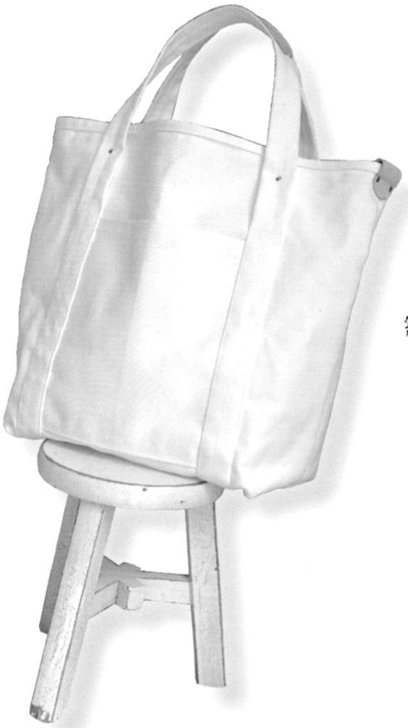

純白色系加上俐落
簡單的剪裁，塑造
純真明亮的氛圍。

材料 （尺寸含縫份）

表布｜
帆布 - 表布 50*45cm — 2 片
帆布 - 口袋 23*28cm — 1 片
帆布 - 揹帶 130*8cm — 2 條
帆布 - 袋口包邊條 100*5 cm — 1 條

皮革｜
皮革 2.8*6cm — 1 片
原色皮革 17*2.8cm — 2 片

零件｜
固定釦 6mm — 6 組

步驟 let's get started

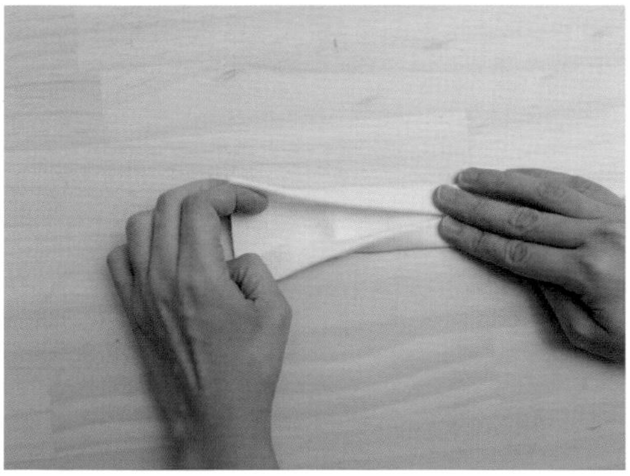

❶ 8cm 寬提帶布，兩邊分別往內折 1cm 後，再內折 1.5cm。

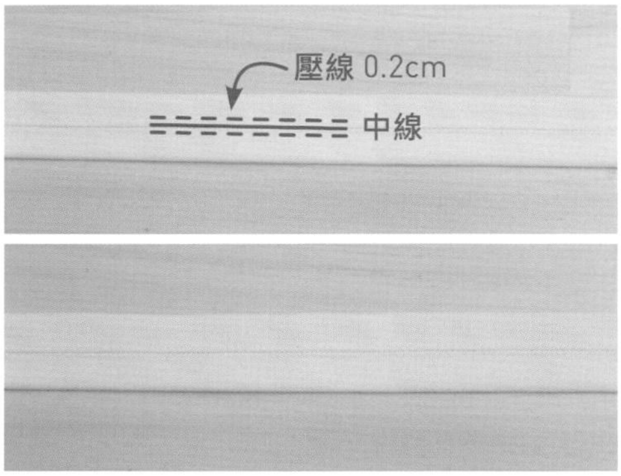

❷ 車縫壓線／沿中線左右各車縫 0.2cm 壓線。

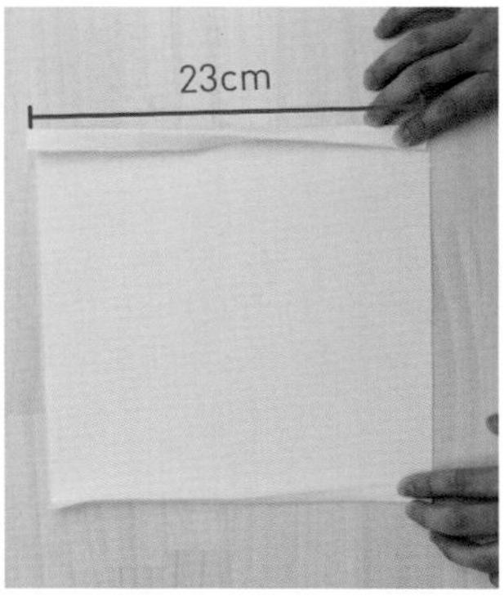

❸ 口袋布 23cm 長邊往內折 1.5cm，另一側往內折 1.5cm 兩次並壓線固定。

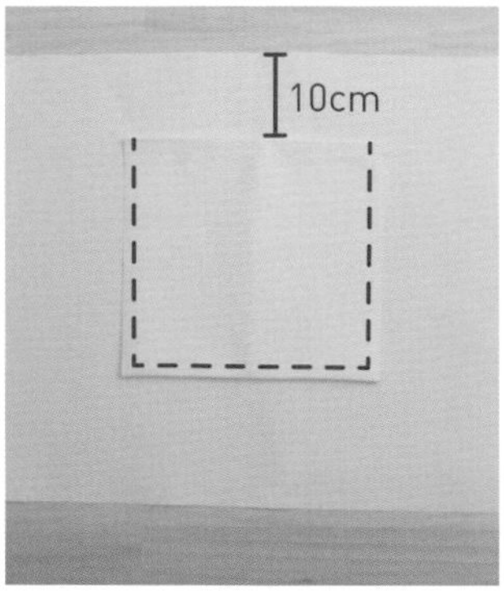

❹ 將口袋布車縫在表布上，折 2 次那邊置於上側，左右置中，縫合ㄩ型。

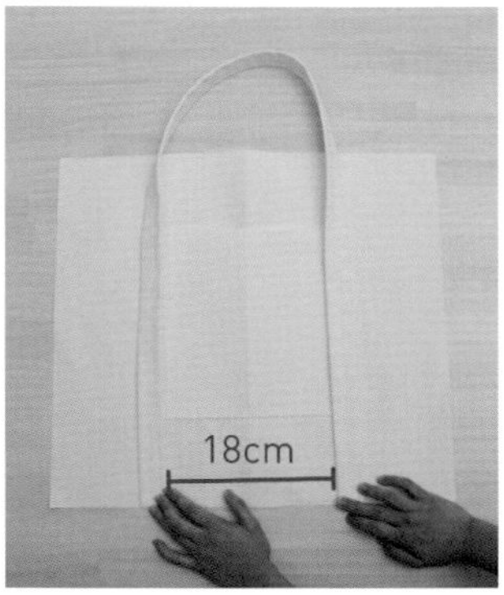

❺ 揹帶正面壓在口袋上車縫，底部與表布底部對齊。

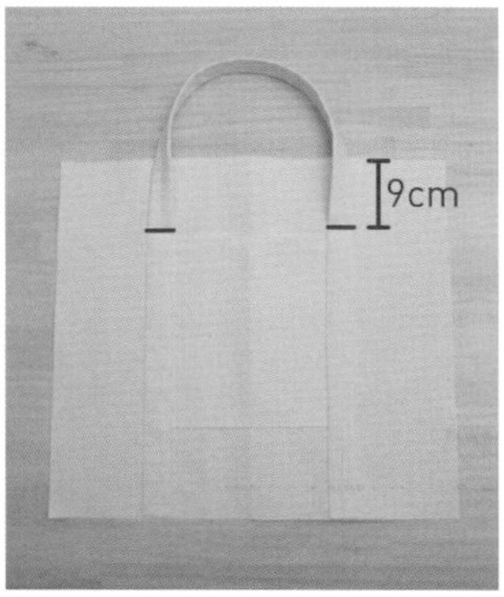

❻ 沿揹帶布邊 0.2cm 車縫固定揹帶，車縫至記號線處，另一塊布作法相同。

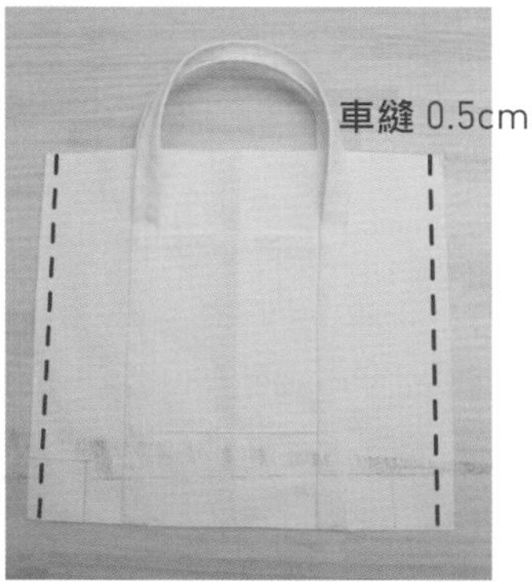

❼ 「背面」相對車縫ㄩ型（縫份 0.5cm），翻至正面。

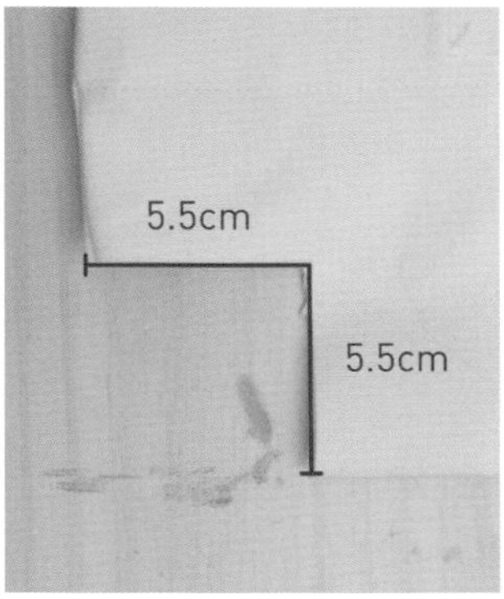

❽ 在兩底角處剪去 5.5*5.5cm 正方形。

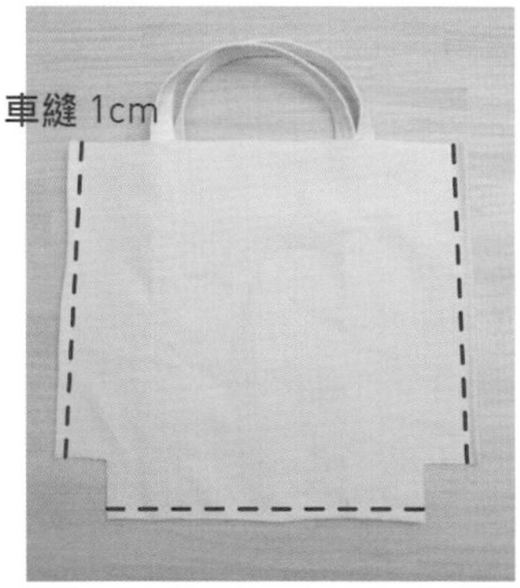

❾ 沿 1cm 縫份車縫ㄩ型。

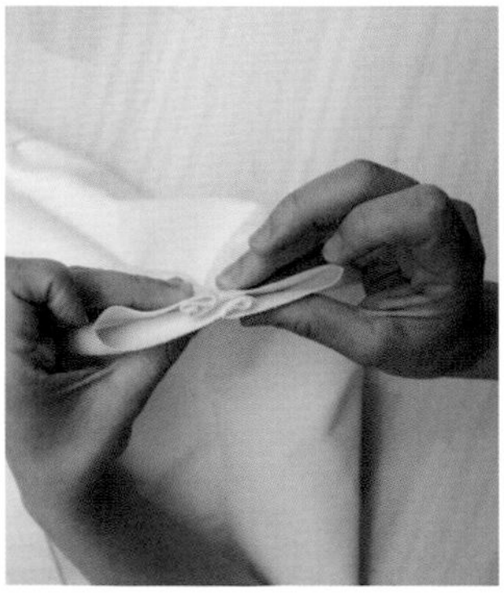

❿ 再將包包翻至「正面」，將剪開的袋底縫份左右錯開。

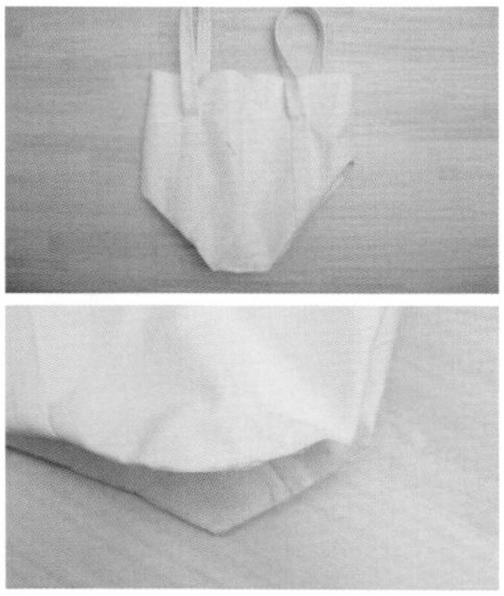

⓫ 沿 0.5cm 縫份車縫。

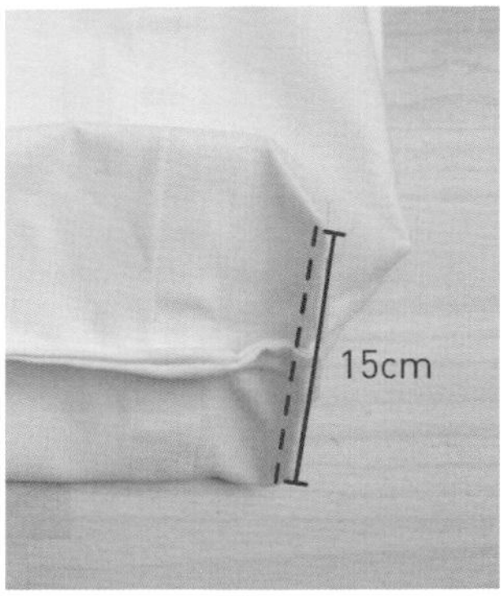

⓬ 再翻至包包裏面，抓袋角車縫 15cm。

⓭ 包邊條整燙好後，布邊與袋口對齊，再用強力夾固定在包包內裏一圈。

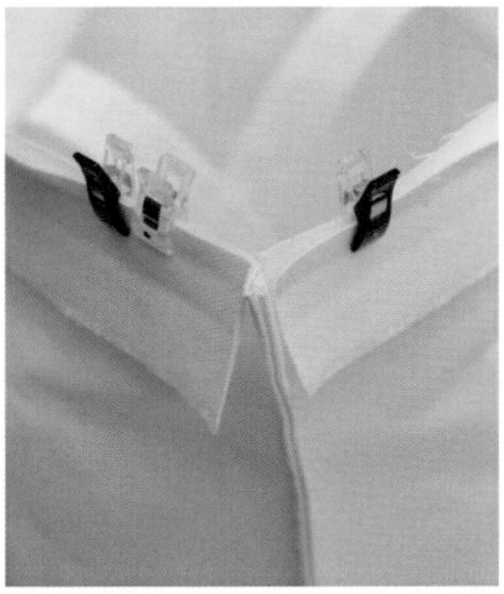

⓮ 沿 0.7cm 車縫一圈，包邊條頭尾於側邊縫份處，不需收邊。

⓯ 車縫後折至正面，再用夾子固定一圈。

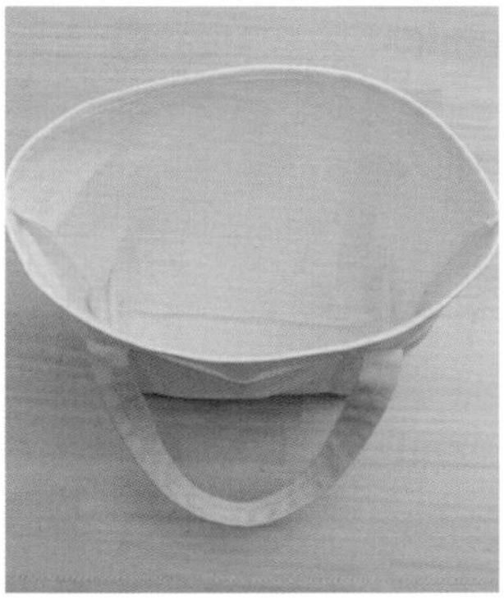

⓰ 表面壓線一圈完成。

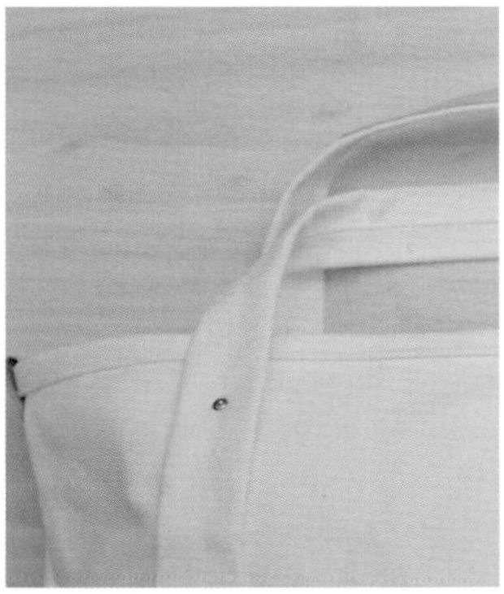

⓱ 手提帶兩側裝上 6cm 固定釦。

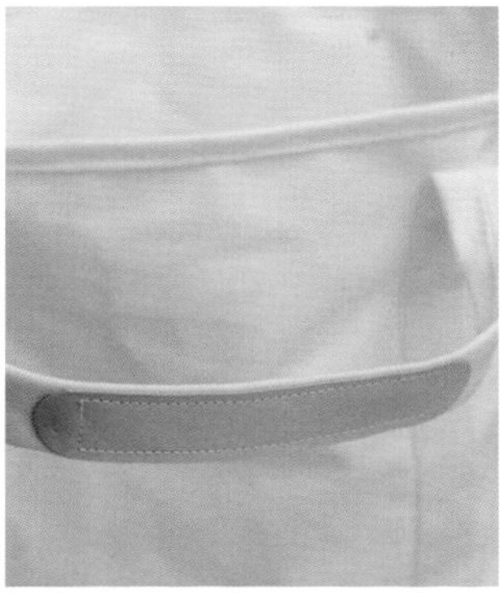

⓲ 於提把置中點車縫（或手縫）上皮革。

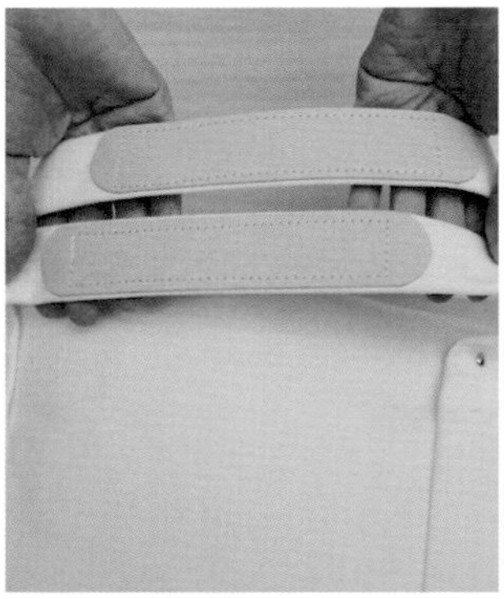

⓳ 兩邊同。

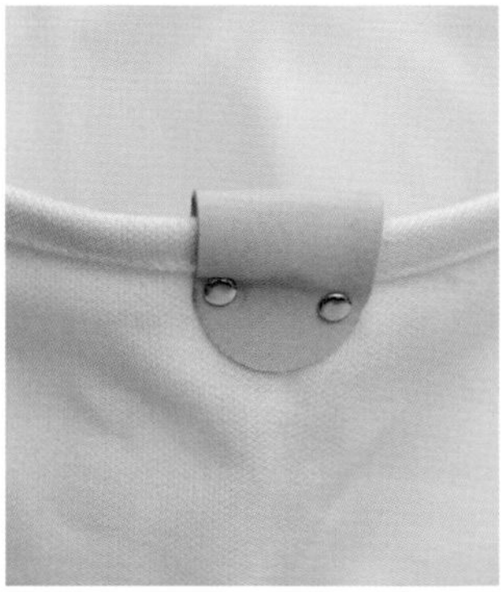

⓴ 側邊包邊開口處釘上皮革，即完成。

23 一抹綠三角包。

Bella's bag

材料 （尺寸含縫份）

布｜
表布高 62* 底 42cm 等腰三角型 ─ 2 片
裏布高 62* 底 42cm 等腰三角型 ─ 2 片

配件｜
人字包邊條 40cm ─ 1 條
皮革 12*12cm ─ 1 片
四合釦 ─ 2 組

素雅淡靜的
布料顏色，
營造出恬靜的氣質。

步驟　　　　　　　　　　　　let's get started

20cm

車縫 0.2cm

20cm

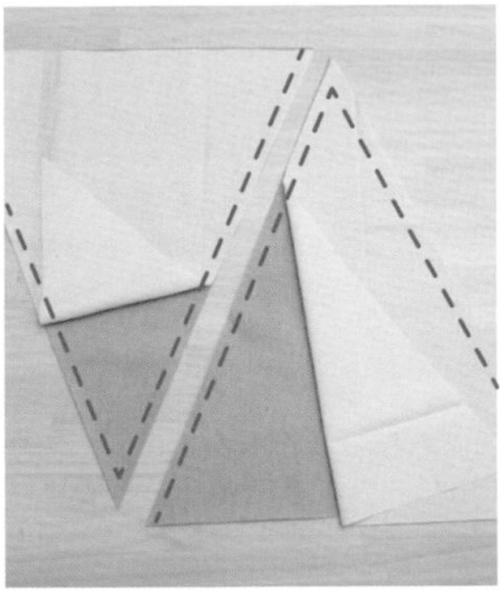

❶ 兩組表布裏布正面相
對。沿兩斜邊車縫（底部不
車），翻回正面整燙。

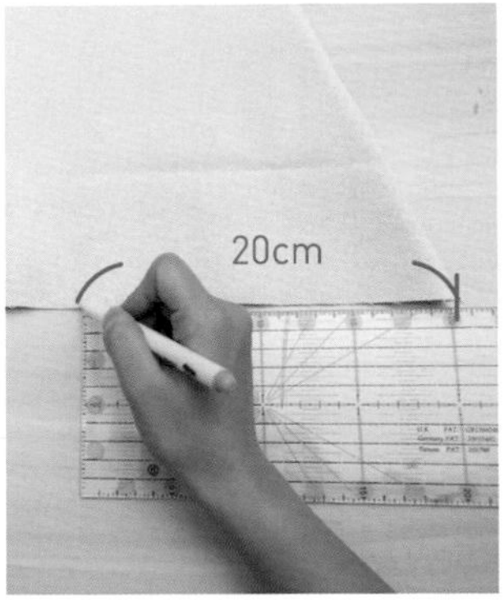

❷ 於三角形正面做出
20cm 記號點。

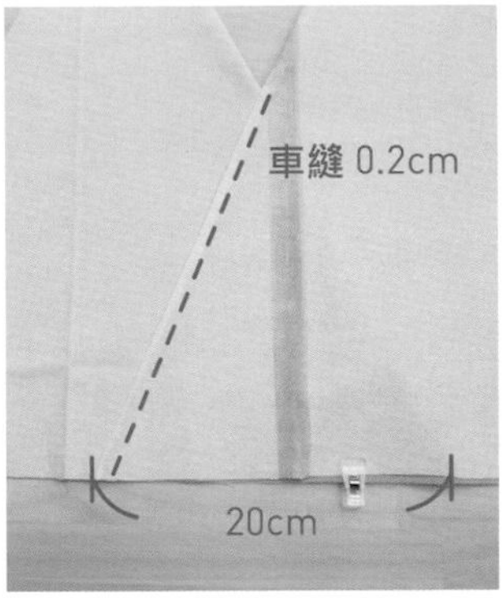

❸ 兩片三角型交疊20cm。
車縫 0.2cm。

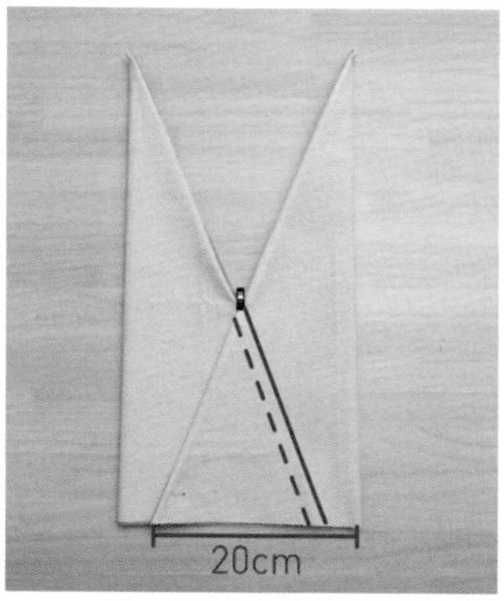

❹ 另一邊折好後再車縫。（此部份較難車縫，也可以用手縫）。

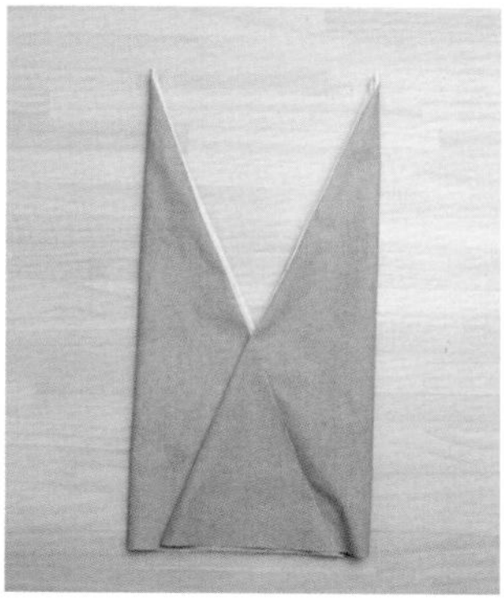

❺ 翻到背面。

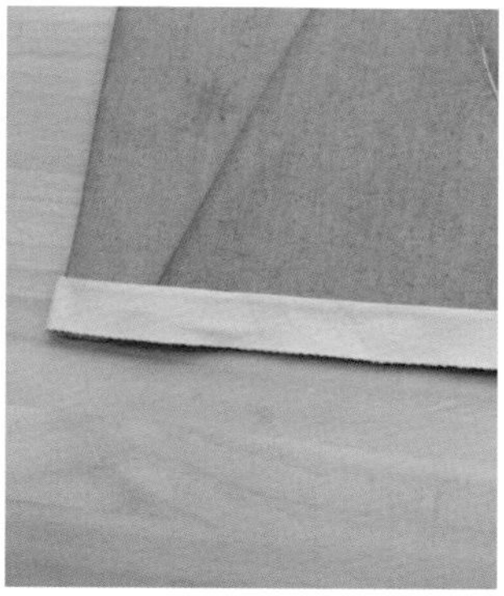

❻ 底布包邊。

❼ 車縫。

❽ 翻回正面整燙。

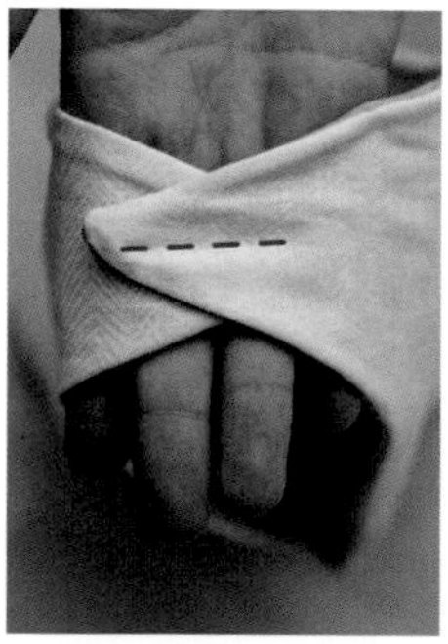

❾ 將提帶交錯固定，車縫寬度4cm（多次回針加強縫線）。

❿ 將皮革安裝在提帶交錯處，即完成。

法國巴黎布街

有機會前往巴黎的朋友們，如果你也熱愛挑選各式各樣的布料，或花一整個下午泡在手作小物、配件中，提供兩個好地方可以逛逛！一是巴黎布街，位於蒙馬特聖心堂一帶，Rue Livingstone, Rue Charles Nodier, Rue d' Orsel, rue Pierre Picard 等街，都是屬於布街範圍。這裡有點像台北的永樂市場，布料品質有好有壞，得用心好好的觸碰與感受！但附近是黑人區，治安不佳，提醒大家前往也要特別小心喔！二是最多特色小店的瑪黑區。以下就介紹幾家 Bella 會前往的布料材料行：

1 Marché Saint Pierre

www.marchesaintpierre.com 🏠 2 Rue Charles Nodier, 75018 Paris 🕘 星期一至星期五，Am10：00~Pm6：30。星期六，Am10：00~Pm7：30

位於巴黎布街的這一家布料行應該是 Bella 逛到最大的一家。整棟樓共有 6 層，項目應有盡有。這裡的布料都是一捲一捲的，以公尺為單位，通常依布料等級，價差也相對比較大喔！

2 Entrée des Fournisseurs

www.lamercerieparisienne.com/fr 🏠 8 rue des Francs Bourgeois 75003 Paris 🕘 星期一至星期六，Am10：30~Pm7：00

這家我們差點錯過的美麗小店位在瑪黑區著名的購物街（rue des francs Bourgeois）上。這間店隱藏在一個樓塔的小院子裡，一不小心很容易路過。店家的外牆上爬滿了綠色藤蔓，店裡賣最多的是緞帶、釦子，布料。很多 liberty 的布料，但在這買竟然比在台灣買還貴，所以只好摸摸鼻子放下了……。最後 Bella 挑了些特別的釦子和緞帶標籤等小物結帳。

3 La droguerie

www.ladroguerie.com 🏠 9 et 11 rue du jour 75001 Paris 🕘 星期一至星期六，Am10：00~Pm7：00

位於聖艾斯塔處教堂附近，聽說日本也有多家分店。一走進店內是一整排滿滿的羊毛，各式色彩讓人看得眼花瞭亂，但我不懂羊毛，所以不知道等級如何，但看到這麼多色彩，就令人覺得心情愉悅 ^^ 不過在這裡毛線才是王道！店裡當然也有賣布料，但和上一家一樣，布料價錢都貴松松，所以 Bella 只好又買了釦子（低頭……）。

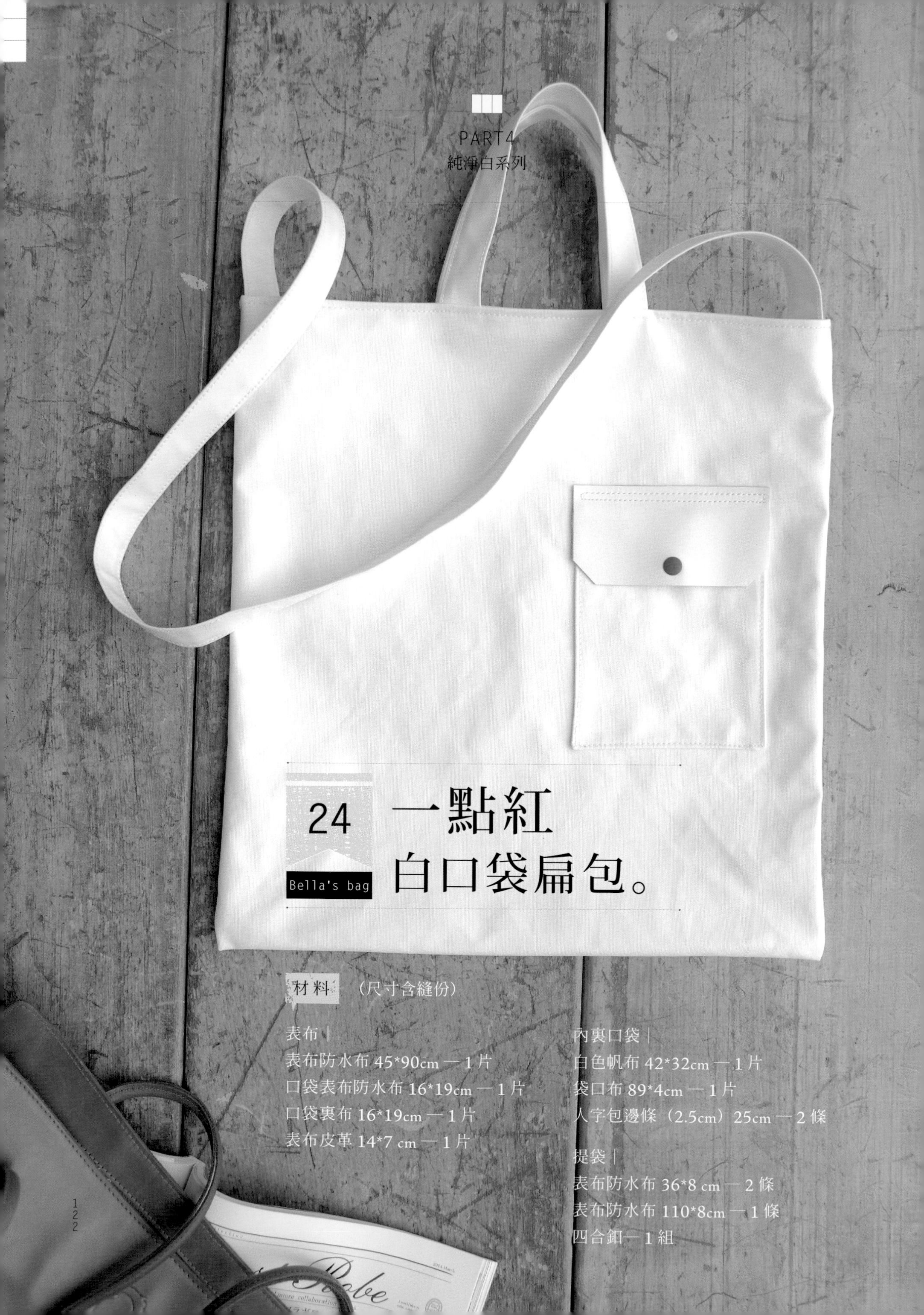

24 一點紅白口袋扁包。

Bella's bag

材料（尺寸含縫份）

表布｜
表布防水布 45*90cm 一 1 片
口袋表布防水布 16*19cm 一 1 片
口袋裏布 16*19cm 一 1 片
表布皮革 14*7 cm 一 1 片

內裏口袋｜
白色帆布 42*32cm 一 1 片
袋口布 89*4cm 一 1 片
人字包邊條（2.5cm）25cm 一 2 條

提袋｜
表布防水布 36*8 cm 一 2 條
表布防水布 110*8cm 一 1 條
四合釦一 1 組

TIPS

步驟❹，白色皮革使用皮革車針 / 線壓腳。

步驟 let's get started

❶ 口袋表布與裏布正面相對。

❷ 車縫一圈，留一8cm 左右返口，翻回正面燙整。

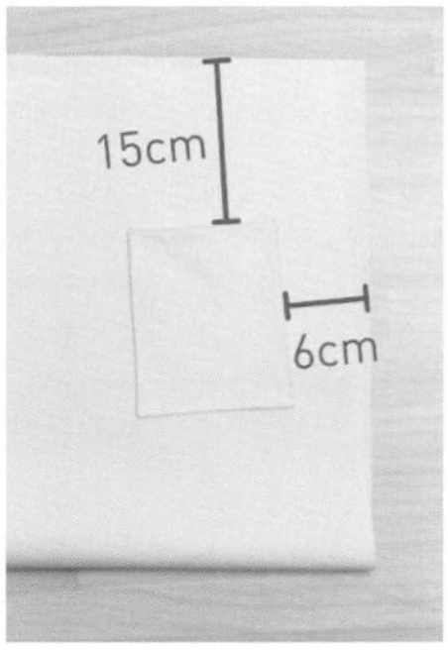

❸ 將口袋布車縫在表布上。（離上布邊 15cm，離右布邊 6cm）。

❹ 縫上皮革 14*7 cm 口袋蓋子。

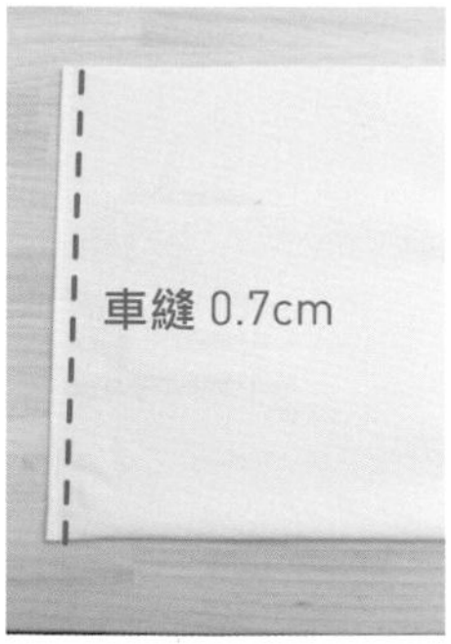

❺ 表布對折，正面相對，兩側車縫 0.7cm。

❻ 包邊條與布邊對齊車縫，再翻至另一面車縫包邊條，用包邊條將縫份包住。

❼ 包邊完成。

❽ 製作揹帶，布邊先內折 1cm 後再對折。

❾ 沿布邊 0.2cm 壓線，一共 2 短 1 長揹帶。

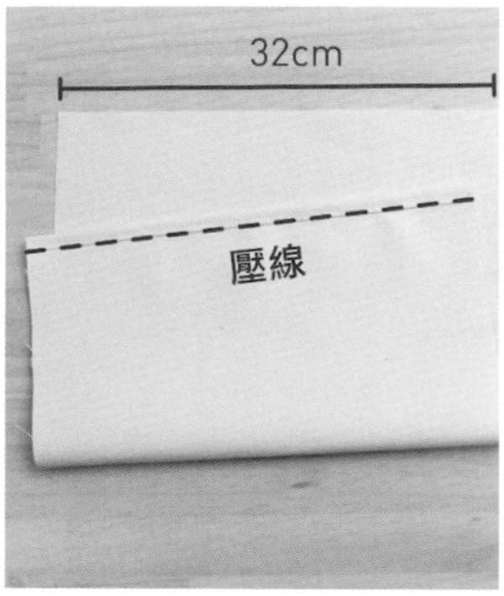

❿ 內側口袋上緣內折 2 次，車縫壓線固定。

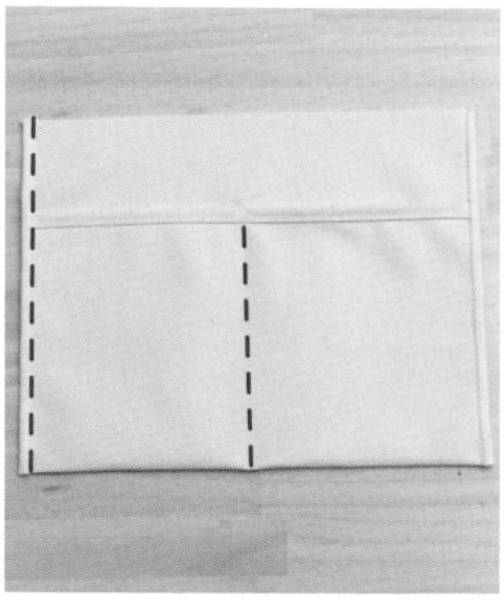

⓫ 口袋兩邊車縫後使用人字織帶包邊，中間車縫一道分隔口袋。

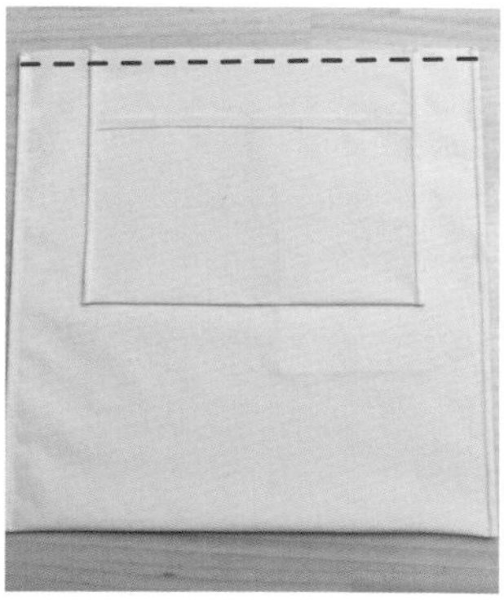

⓬ 將口袋上緣與包包袋口布邊固定車縫。

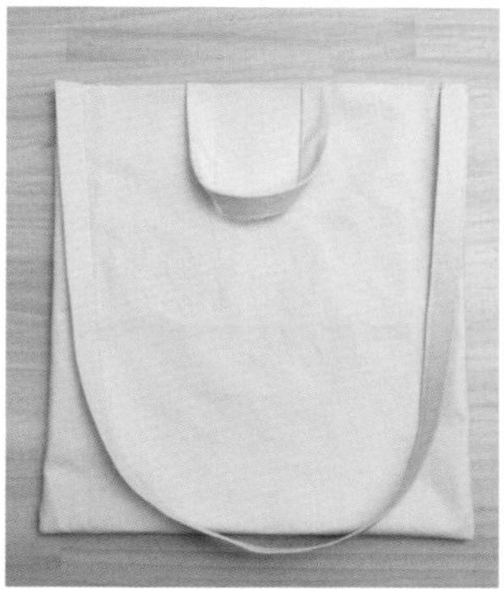

⓭ 將包包翻至正面，將短揹帶固定在袋口處，長揹帶則固定在兩側。

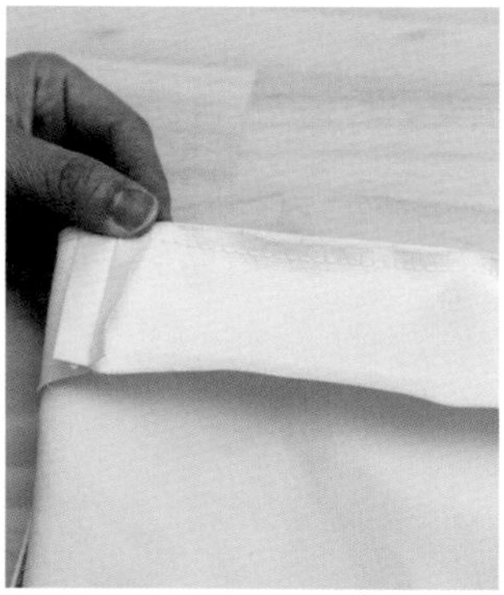

⓮ 取出長 89cm* 寬 4cm 袋口布，正面相對頭尾車縫 1cm，將縫份打開。

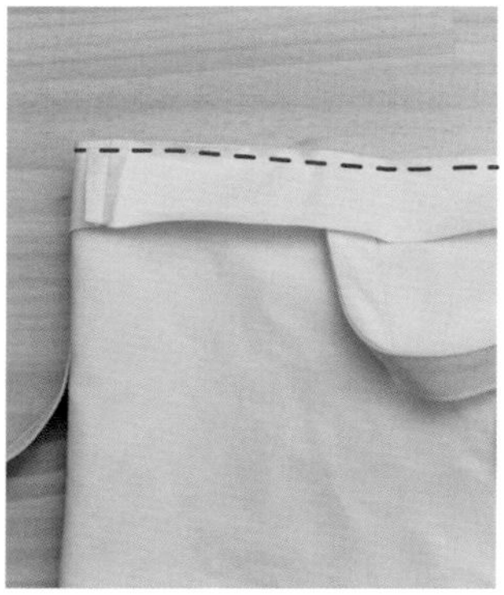

⑮ 將⑭與包包「正面」相對，布邊對齊，縫份 1cm 車縫固定。

⑯ 袋口布另一側內摺 1cm 後，全部折到內裏。

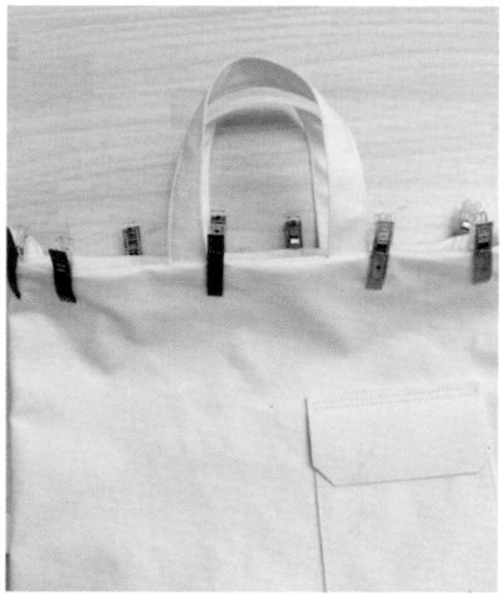

⑰ 用強力夾固定一圈。

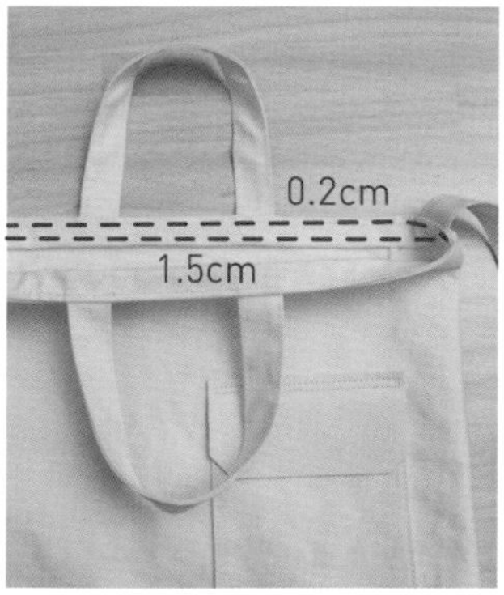

⑱ 沿布邊車縫 0.2cm 及 1.5cm 壓線車縫袋口布。

⑲ 安裝壓合式四合釦上釦上蓋。可參考 P.12，技法 5

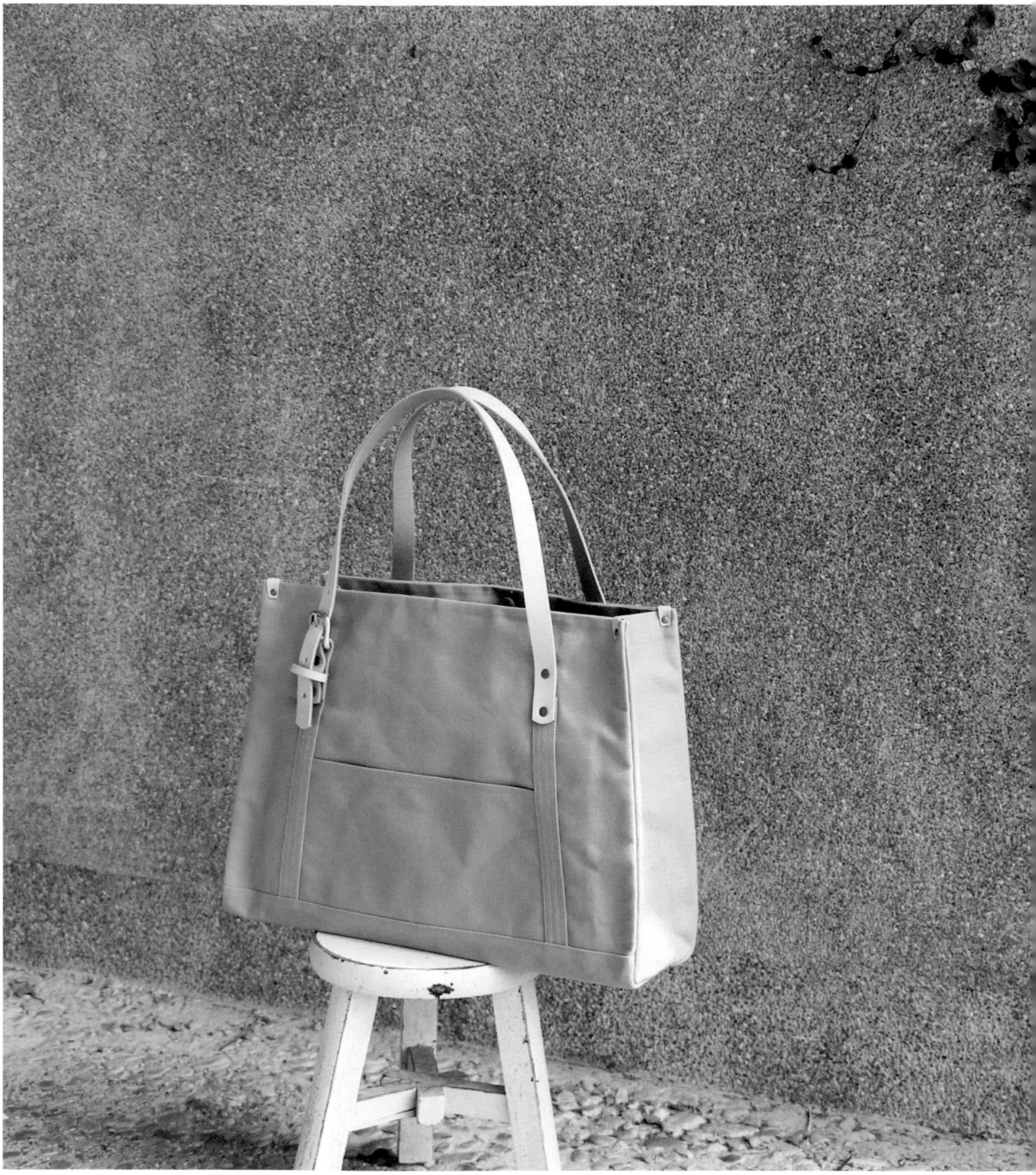

PART 5

簡約灰黑系列

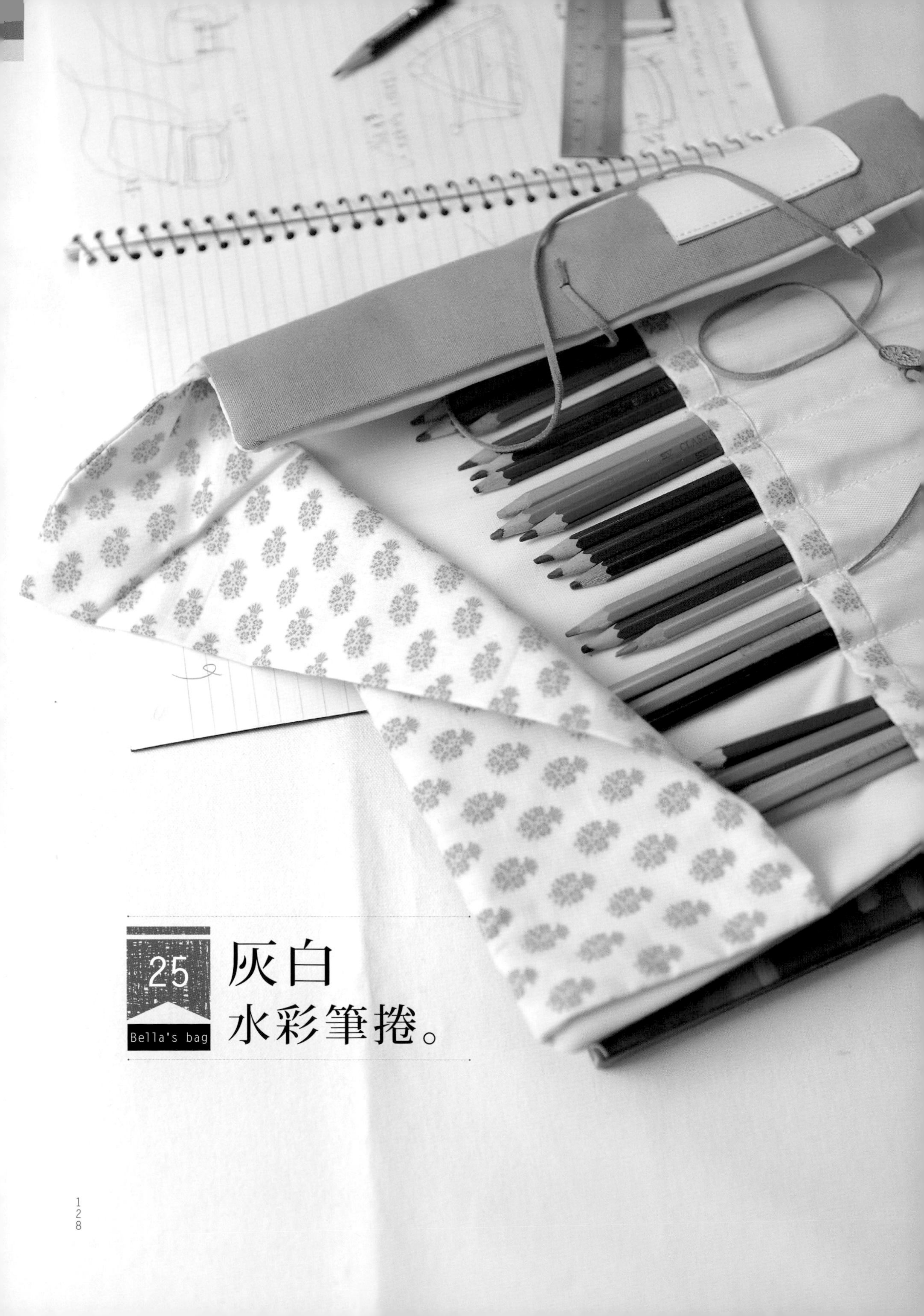

25

Bella's bag

灰白
水彩筆捲。

材料 （尺寸含縫份）

布｜
表布 40*30cm 一 1 片（貼襯，襯不含縫份）
裏布 40*30cm 一 1 片
上蓋布 24*35cm 一 1 片
筆插布 24*35cm 一 1 片
滾邊 5*35 cm 一 1 片

配件｜
皮革 8*6cm 一 1 片
繩 30~40cm 一 1 條
釦子一 1 個
布標一隨意

步驟 let's get started

❶ 表布貼襯，襯不含縫份。

❷ 表布左下角車縫上皮革、布標。

❸ 筆插布和上蓋布分別正面相對，車縫兩邊，縫份0.7cm。

TIPS

步驟❺，包邊條左右內折，與布邊對齊。

步驟 continue

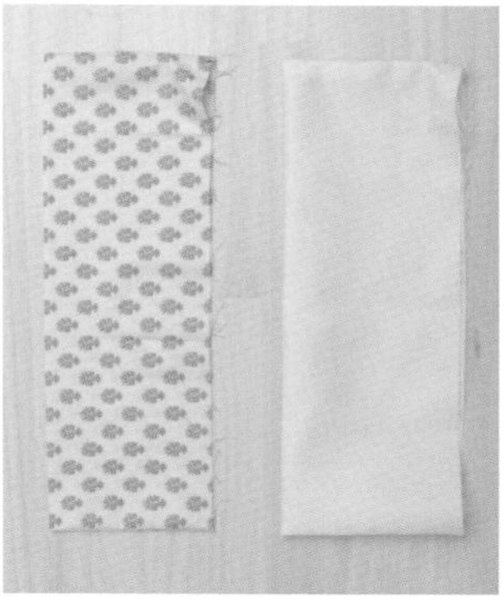

❹ 兩邊車縫後，翻回正面。

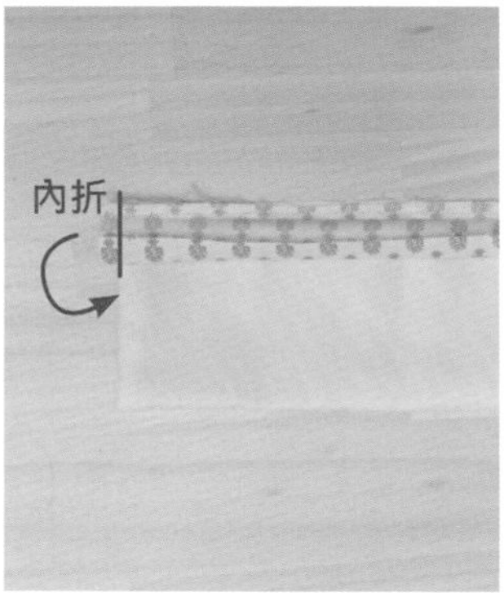

❺ 白布虛邊包邊：包邊條與布邊對齊，車縫縫份0.7cm，再摺至正面。

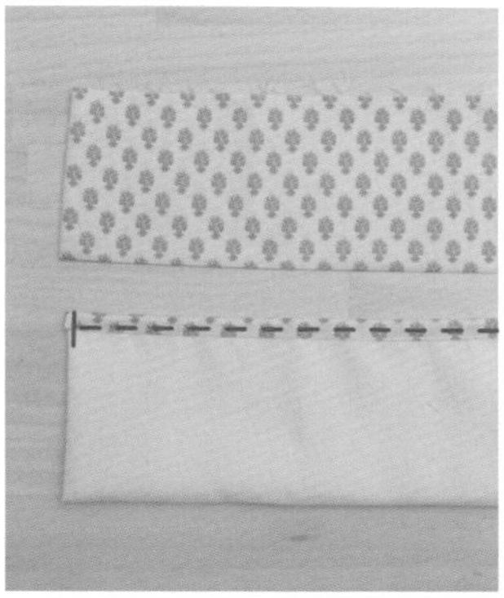

❻ 翻到正面，包邊條左右內摺後，沿縫份0.2cm壓線，固定包邊條。

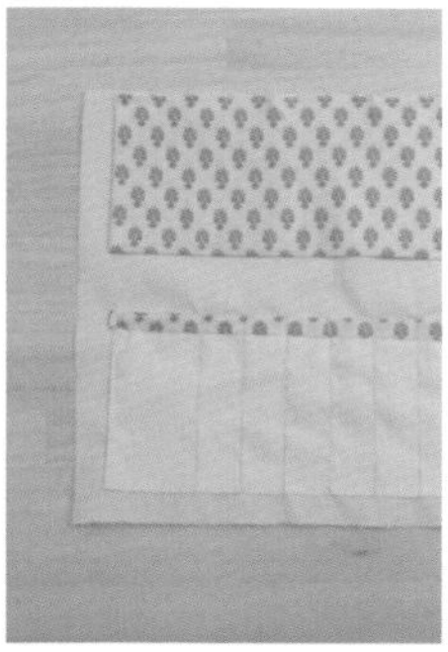

❼ 上蓋布上緣與裏布布邊對齊。筆插布左右對齊上蓋布，車縫口袋間隔。

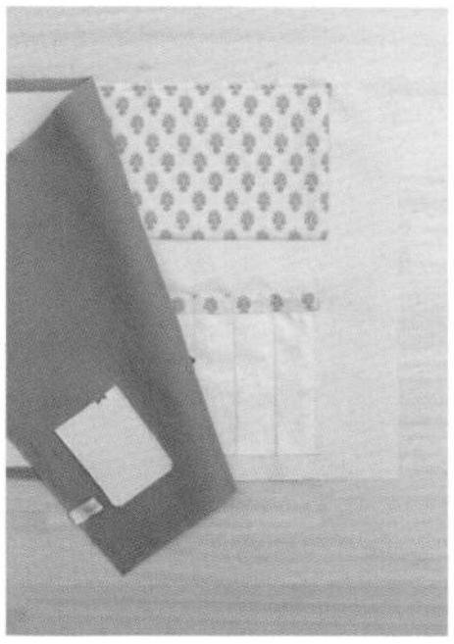

❽ 表布、裏布正面相對。

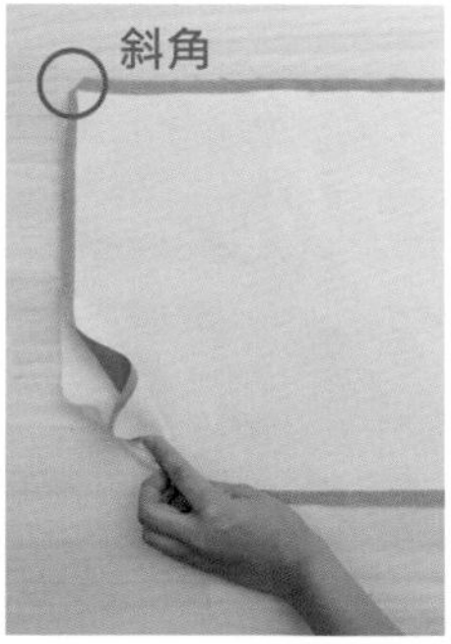

❾ 車縫一圈並留下返口。並將四角剪成斜角。

❿ 翻回正面後整燙，用麂皮繩及釦子捲綁後即可。

26 忠於自己。墨色兩用提包

Bella's bag

材料 （尺寸含縫份）

包款版型的設計
常來自生活，
此包款的構想
就是來自隨處可見的
超商購物袋喔！

布｜
表布 47*59cm — 2 片（依版型）
裏布 47*59 cm — 2 片（依版型）
皮革口袋 21*19 cm — 1 片（依版型）

配件｜
揹帶 - 皮革 110*3cm — 1 條
日環 3cm — 1 個
D 環 3cm — 2 個
皮革 10*3cm — 2 條
珠釦— 1 組
固定釦 0.6cm — 10 組
蝦勾— 2 個

步驟 let's get started

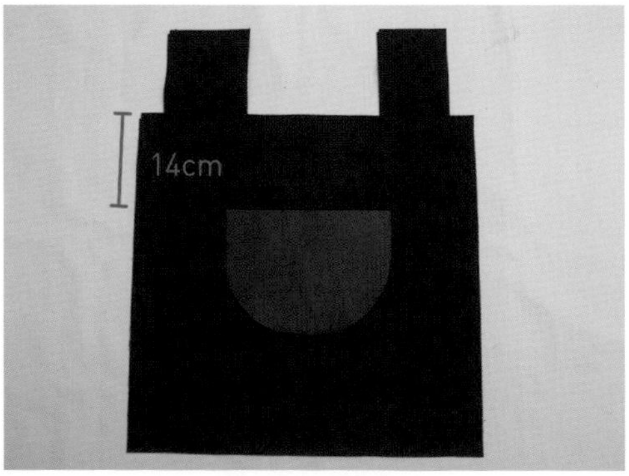

❶ 口袋固定在正面（距上方約 14cm）。

TIPS 使用皮革針線壓腳。

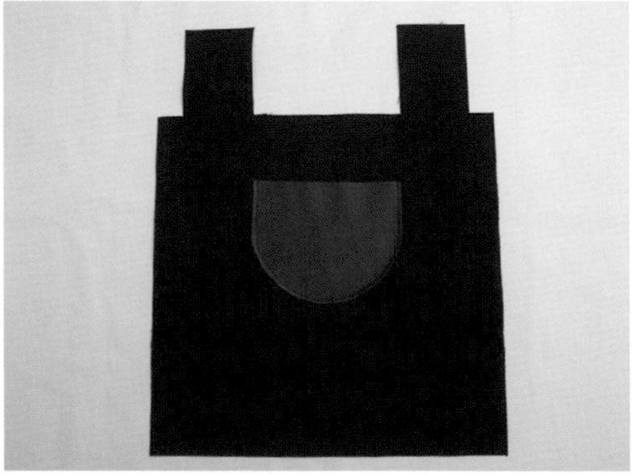

❷ 將半圓口袋車縫在表布上。

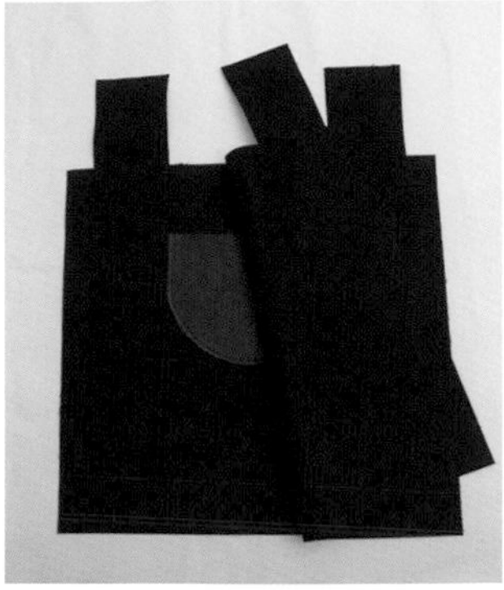

❸ 表布正面相對。

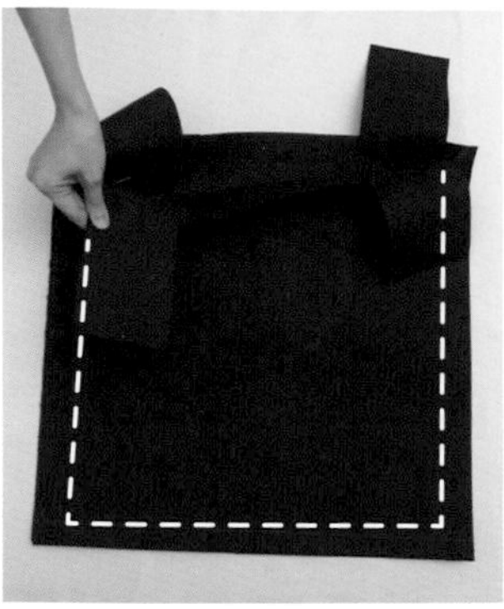

❹ 車縫ㄩ型。

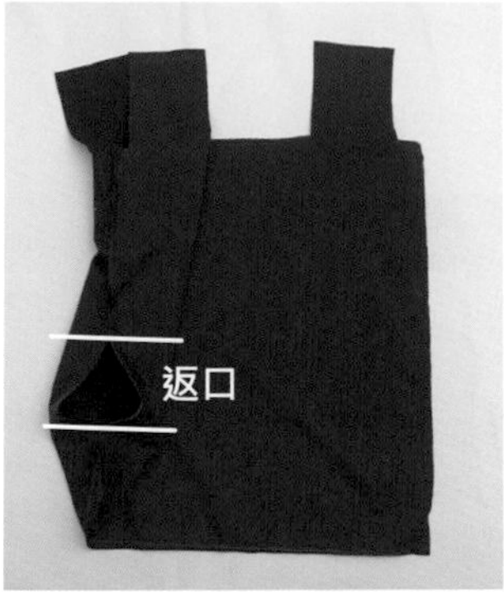

❺ 裏布正面相對車縫ㄩ型，留返口。

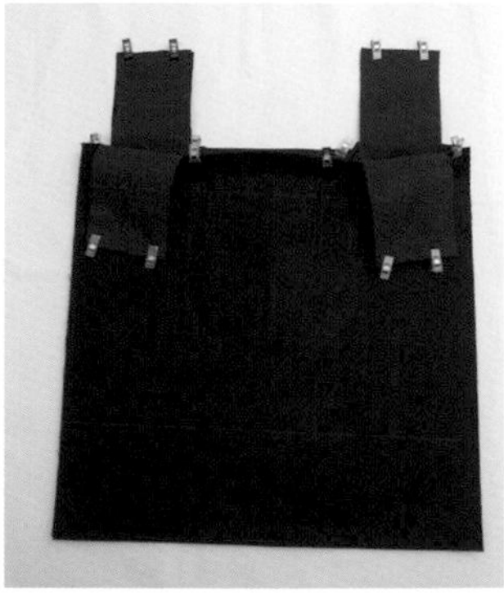

❻ 裏布翻到正面，與表布正面相對套入，再用強力夾固定一圈。

❼ 車縫袋口處一圈。

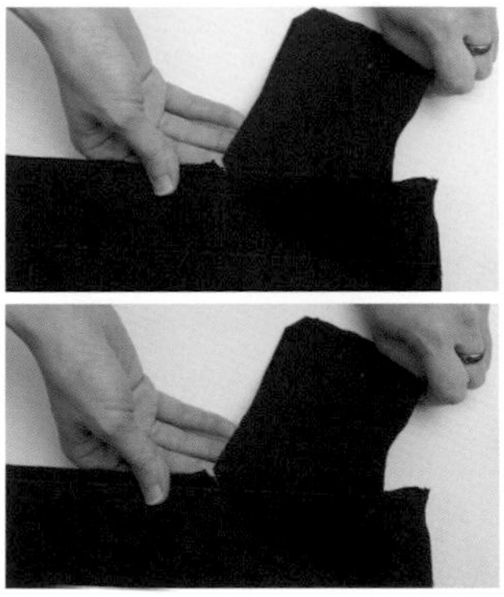

❽ 轉角處剪斜角；直角處斜剪一刀。

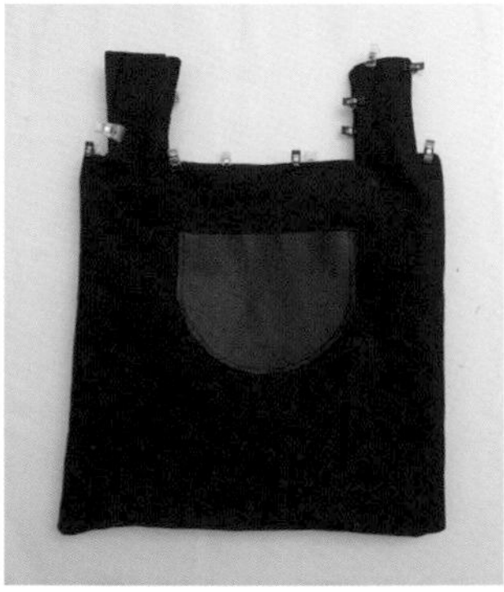

❾ 從內裏返口翻回正面。

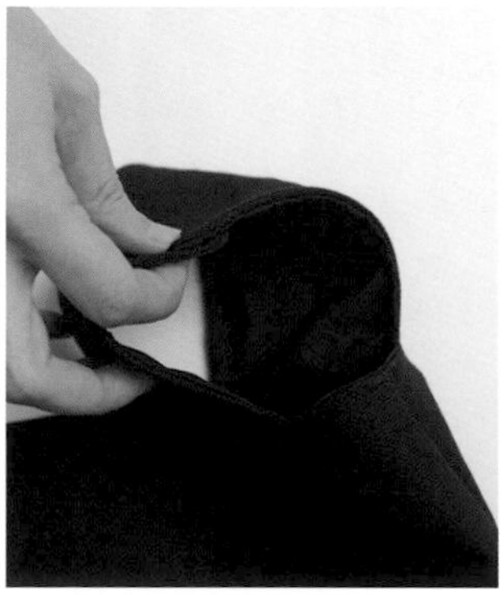

❿ 提帶上方重疊 1cm。

⓫ 回針車縫，將提把上端車縫在一起。

步驟 continue

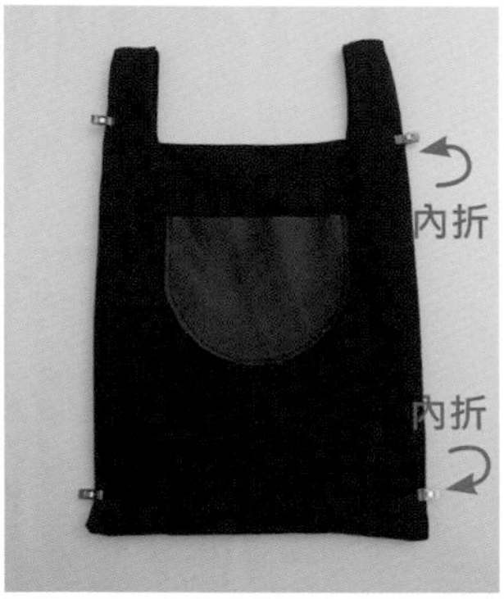

⓬ 提帶往內折入約 1.5cm（兩邊都要），並將包包下方兩側順向往中間內折。

⓭ 提帶內折處用固定釦固定。

⓮ 底部兩角內折，用固定釦固定內折位置。

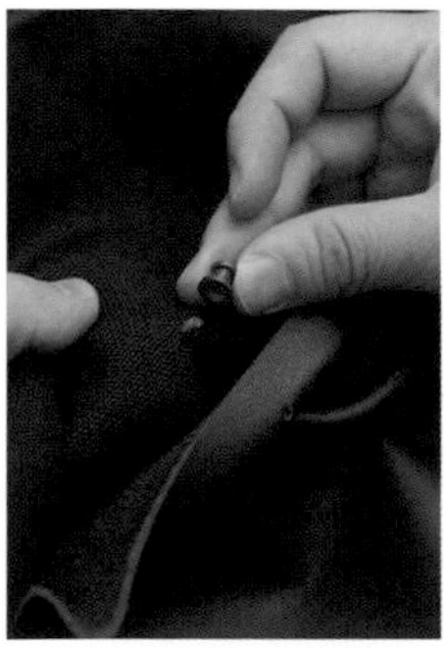

⓯ 在皮革口袋安裝珠釦。

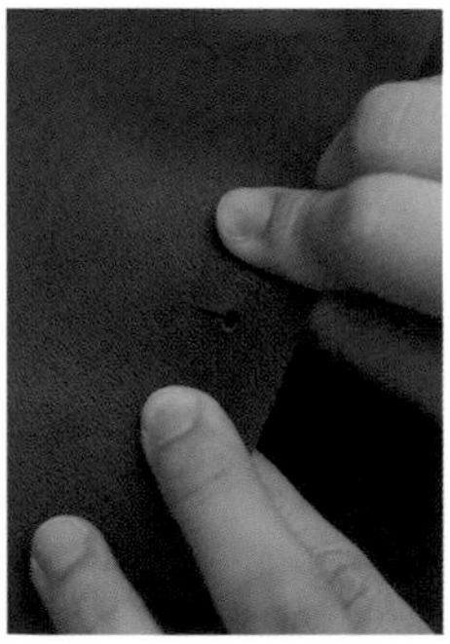

⓰ 在打洞的洞口上剪一刀，方便珠釦穿過。

⓱ 取出 3*10cm 皮革片對折裝入 D 環後，用固定釦安裝在包包側邊適當位置（距袋口 10cm 處）。

⓲ 皮革套入蝦勾，用固定釦固定，裝上揹帶即完成。

27
Bella's bag

憂鬱色階束口包。

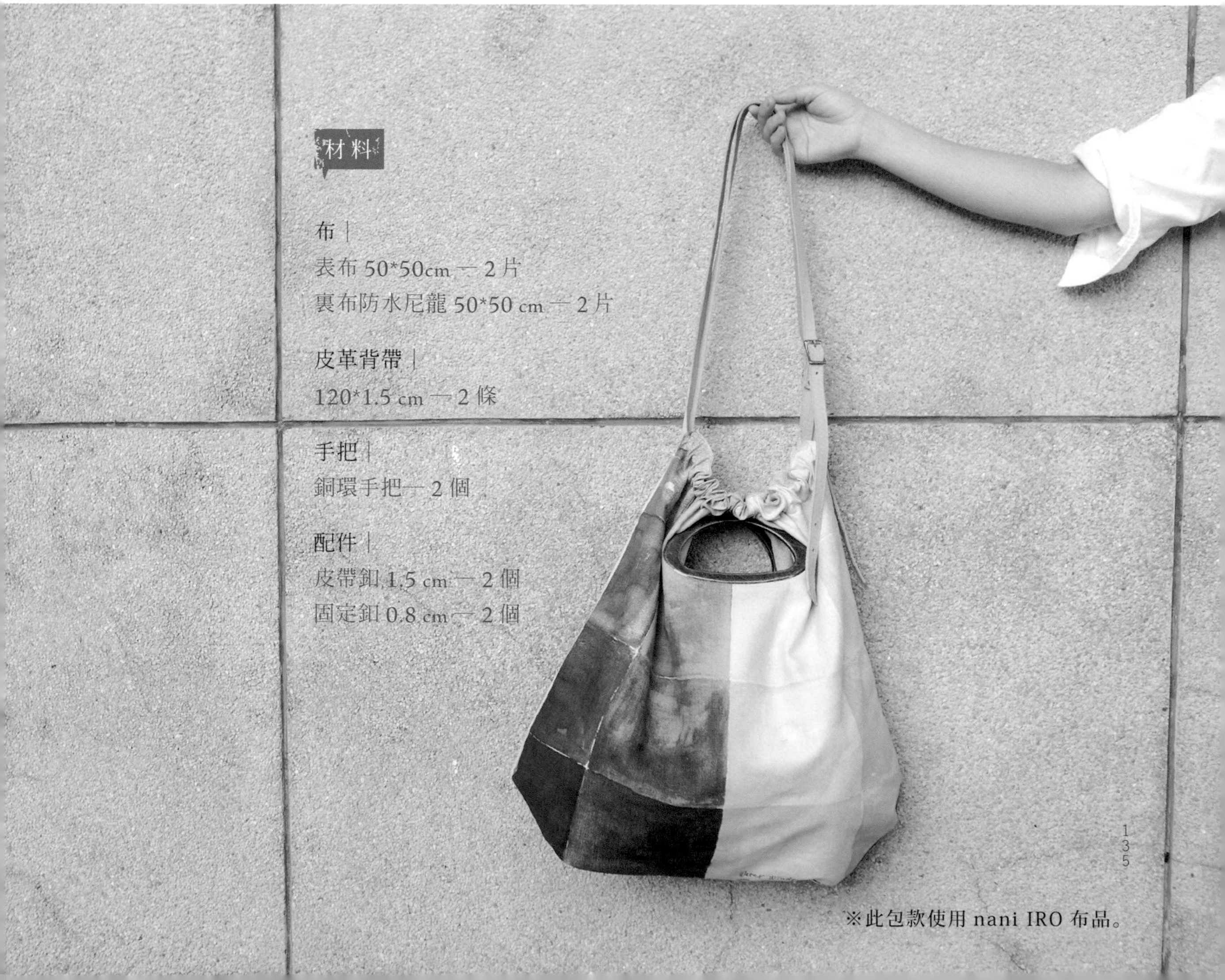

材料

布｜
表布 50*50cm — 2片
裏布防水尼龍 50*50 cm — 2片

皮革背帶｜
120*1.5 cm — 2條

手把｜
銅環手把— 2個

配件｜
皮帶釦 1.5 cm — 2個
固定釦 0.8 cm — 2個

※此包款使用 nani IRO 布品。

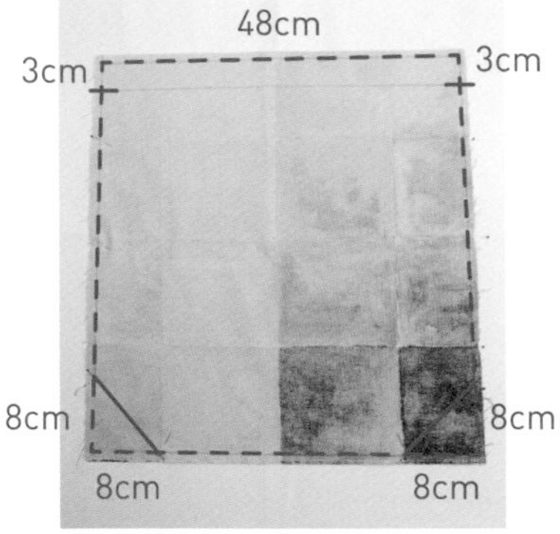

❶ 在表布上畫出 48*48cm 正方形。接著在兩邊袋底各畫出 8*8cm 的三角形，上方約 3cm 做出記號線。

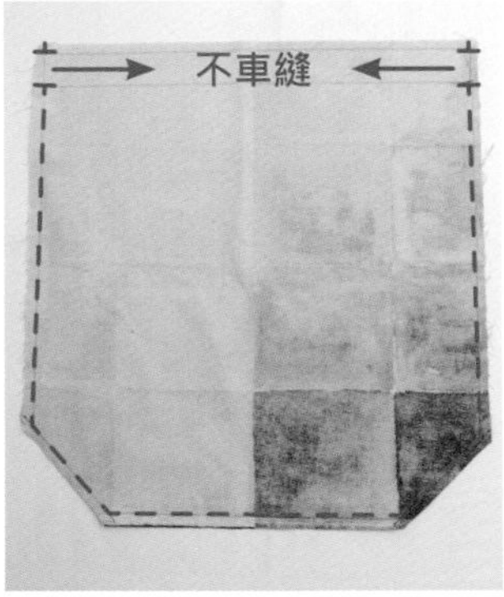

❷ 剪去兩邊袋底斜角，並沿記號線車縫ㄩ型。

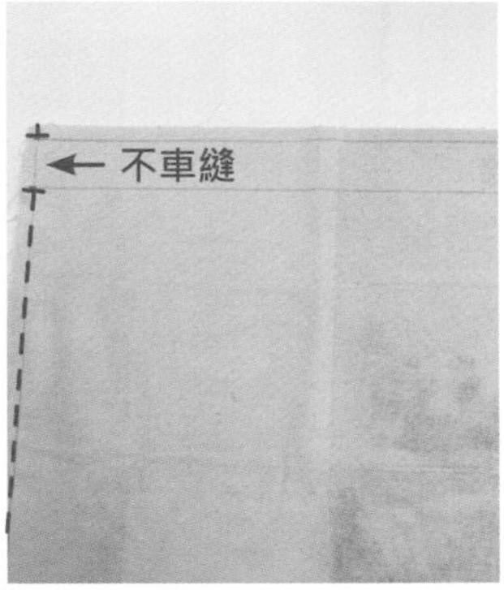

❸ 兩片表布正面相對，上方 3cm 處束口端不車縫，「但上方縫份需車合」，縫份需確實燙開。

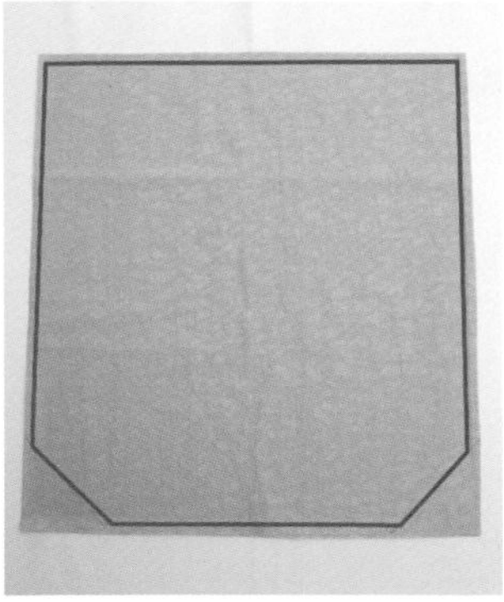

❹ 裏布正面相對，沿版型畫線（同步驟❶），並車縫ㄩ型。

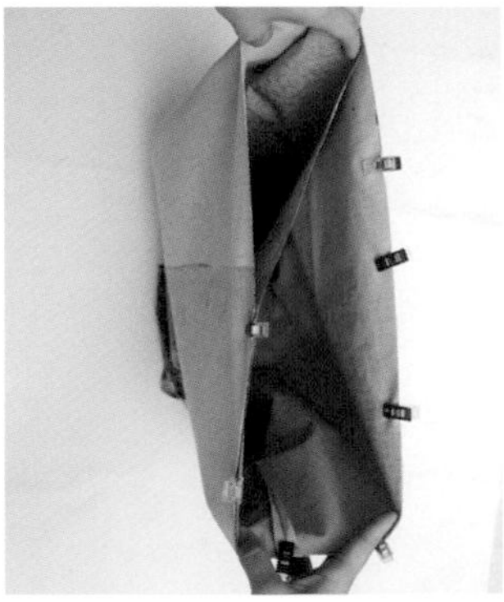

❺ 表布與裏布正面相對，布邊對齊，沿布邊車縫 1cm 並留下 15cm 返口。

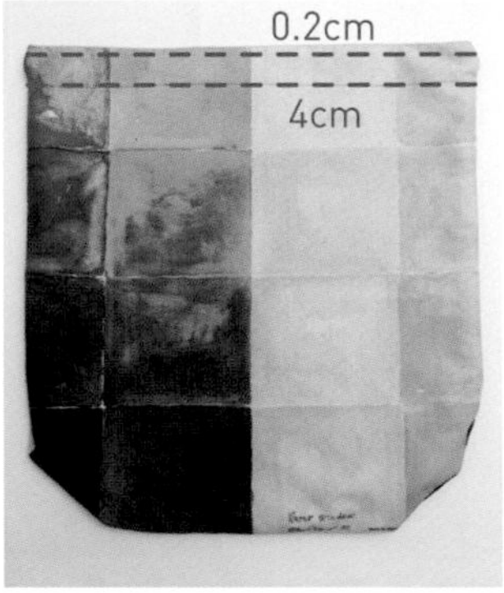

❻ 翻回正面後，沿布邊 0.2cm 及 4cm 處車縫壓線。

步驟 continue

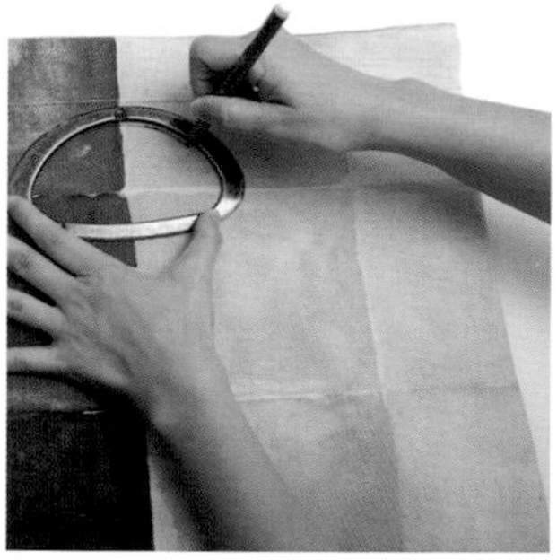

❼ 表布距上方5cm、置中，按手提環型狀描畫。

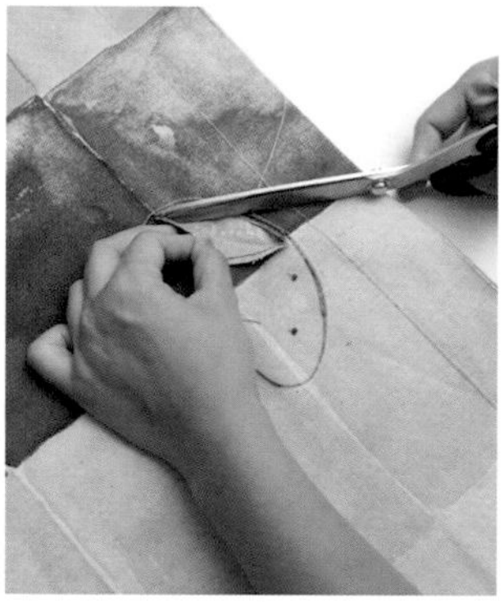

❽ 先沿手提環線車縫一圈，再沿線剪去內圈。

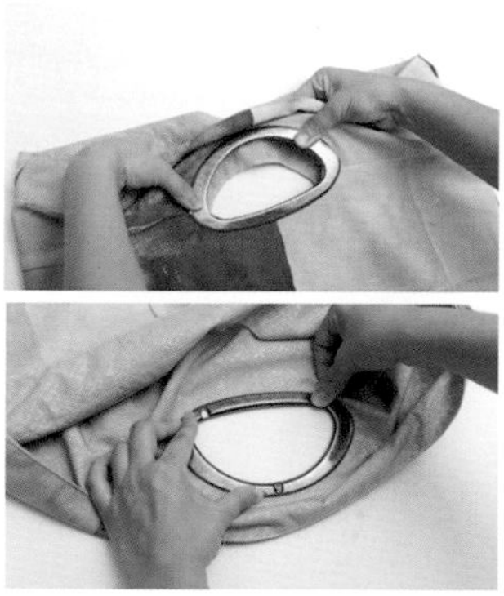

❾ 兩面都裝上手提環。

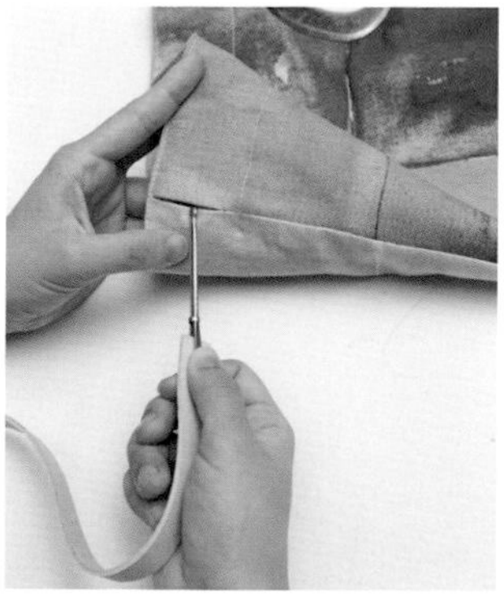

❿ 用穿帶器將皮革穿入袋口，一條穿一邊。

⓫ 另一邊重複同樣步驟。

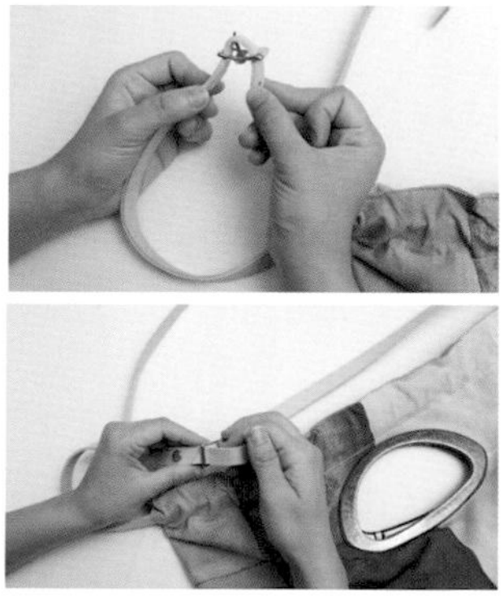

⓬ 同一條皮革，一端打洞安裝皮帶釦並用固定釦固定。另一端打洞，再穿過皮帶釦即完成。另一條皮革相同作法。

28

Bella's bag

生活旅行包。

PART5
簡約灰黑系列

皮革揹帶為市售成品，
皮片為自行裁切。

材料 （尺寸含縫份）

表布｜
帆布 - 表布（A）44*34cm — 2 片
帆布 - 表布（B）38*15cm — 2 片
皮革 - 袋底 37*15cm — 1 片
皮革 - 口袋 15*15cm — 2 片
帆布 - 表布口袋 22*22cm — 1 片
皮革 - 表布口袋皮革包邊條 2*22 cm — 1 片
帆布 - 拉鍊布 38*10cm — 2 片
帆布 - 袋口包邊條 55*5cm — 2 條

裏布｜
內裏袋身（A）44*34cm — 2 片
內裏袋底（B）107*15cm — 1 片
內裏口袋 30*30 cm — 2 片

配件｜
碼裝拉鍊 50cm — 1 條
拉鍊頭— 1 個
皮革 - 揹帶 65cm*3cm — 2 條（附 D 環提把）
皮革 - 裝飾帶 2.5*35 cm — 4 條
皮革 - 耳朵布 8cm — 2 條
固定釦 1cm — 6 個
D 環 3cm — 2 個
人字織帶 2.5*200cm — 1 條
拉鍊尾端裝飾— 1 個

步驟 let's get started

❶ 將表布 B 與袋底皮革正面相對，沿 1cm 縫份車縫。

❷ 兩片表布 B 分別車縫固定在袋底皮革的左右兩邊，將縫份倒向皮革，在皮革正面沿縫份線 0.2cm 壓線（使用皮革針線壓腳）。

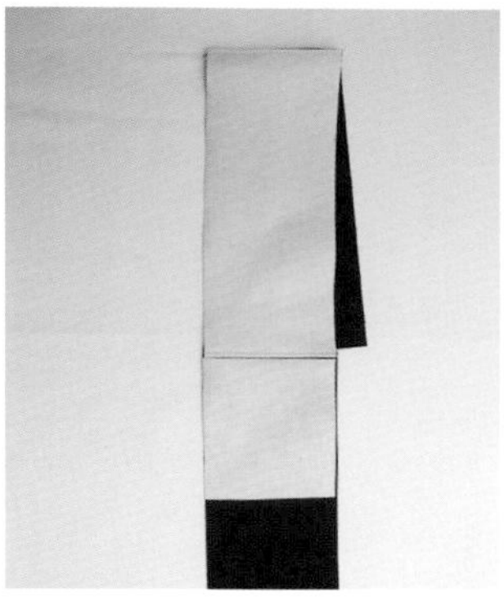

❸ 取出皮革口袋 15*15cm 2 片。

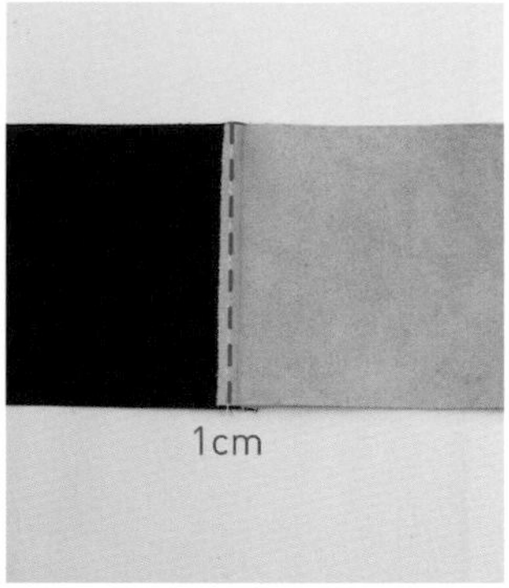

❹ 將皮革口袋布與帆布車縫在一起（正面與袋底皮革相對）。

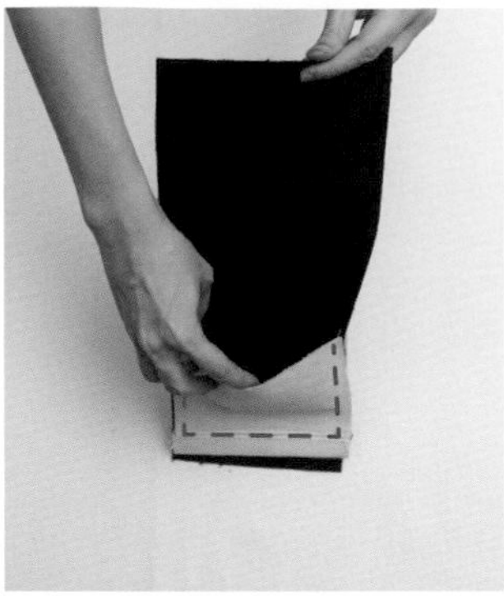

❺ 上述口袋布折到正面，沿布邊 0.2cm 壓線。兩邊與帆布疏縫固定，成口袋狀。左右 2 邊口袋相同作法。

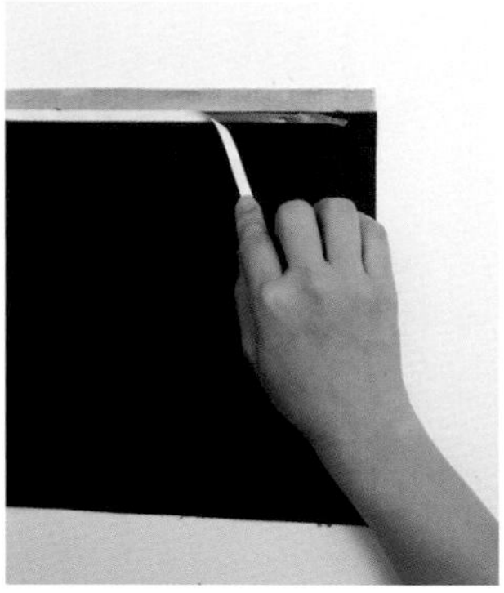

❻ 表布口袋帆布（22*22 cm），其中一邊邊緣黏上雙面膠（正反都要黏）。

❼ 將皮革包邊條車縫在口袋布上。

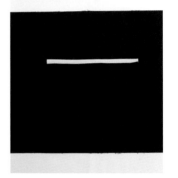

❽ 將口袋布放置在表布上，底部對齊，左右置中。

❾ 兩邊車縫固定。

※ **皮革頂端往下數** 1.5 **及** 5.5cm，**打洞對折**。

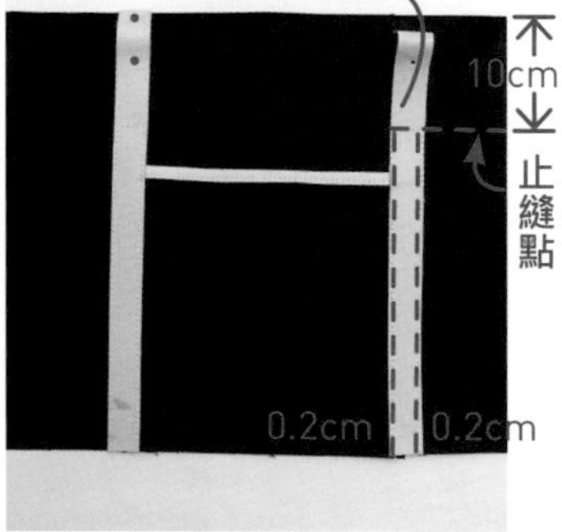

❿ 在兩側縫線使用雙面膠，黏上裝飾皮革（2.5*35cm）。沿皮革邊 0.2cm 車縫至止縫點，四條裝飾皮革均相同作法。

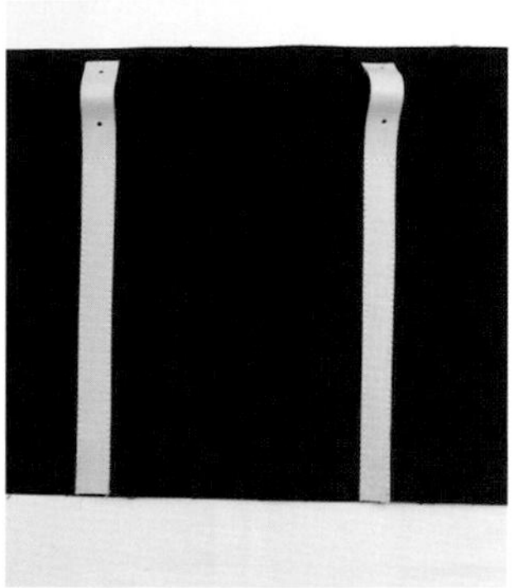

⓫ 反面同樣用雙面膠黏上皮革並車縫（需與正面皮革位置一樣）。

⓬ 內裏口袋正面相對。

⓭ 車縫一圈，留 10cm 返口。

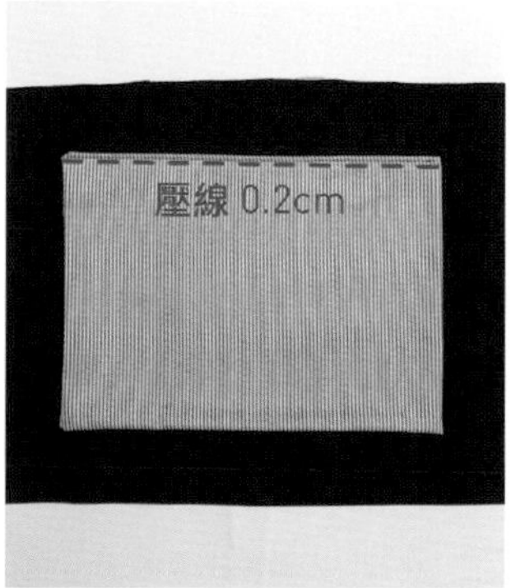

⓮ 翻回正面，車縫在內裏置中位置。

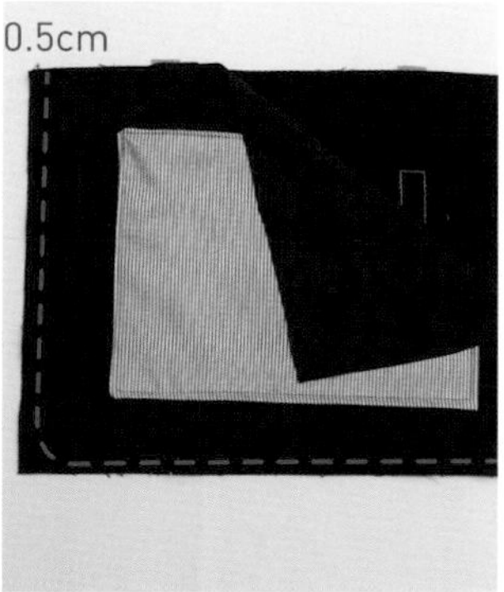

⓯ 表布 A 與裏布 A 背面相對，沿布邊 0.5cm 疏縫一圈固定。

⓰ 將裏布 B 與步驟❺完成的表布 B 背面相對。沿布邊 0.5cm 疏縫一圈固定。

⓱ 步驟⓯完成的表布 A 對折，並在中心點做記號。

⓲ 表布 B 也對折，在中心點做記號。

⓳ 表布兩側底端畫圓弧，兩側弧度要相同。

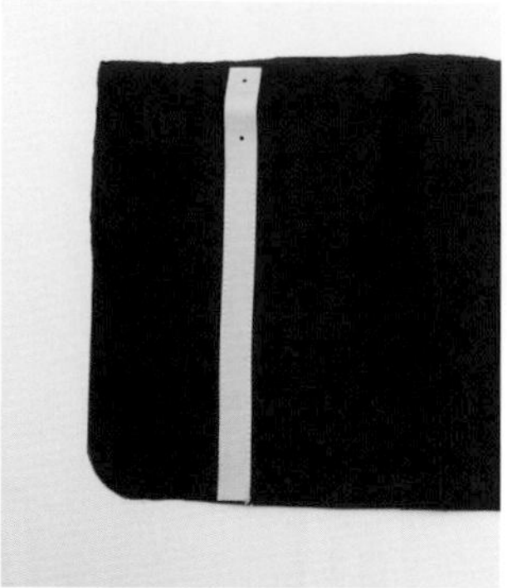

⑳ 兩側底部剪成圓弧。

㉑ 表布 A 與 B 的中心記號點相對（正面相對）。

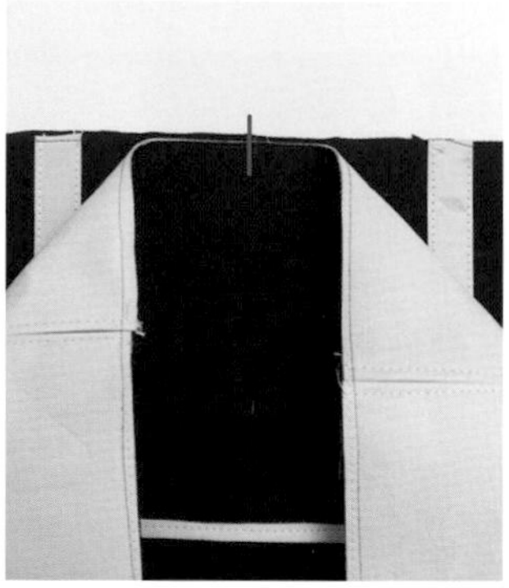

㉒ 兩點對齊。

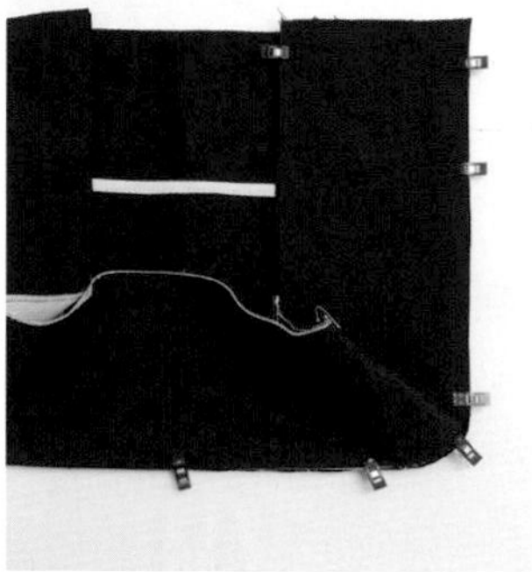

㉓ 表布 A 與 B 布邊相對用強力夾固定。

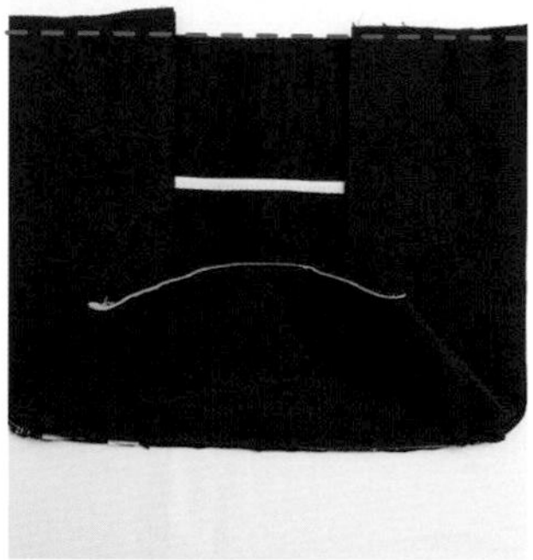

㉔ 沿布邊 1cm 車縫（表布 B 多餘的部分可以修剪掉）。

㉕ 再使用同色系人字織帶包邊。

㉖ 車縫單邊完成。

㉗ 另一側表布，用同樣步驟固定車縫。袋型完成。

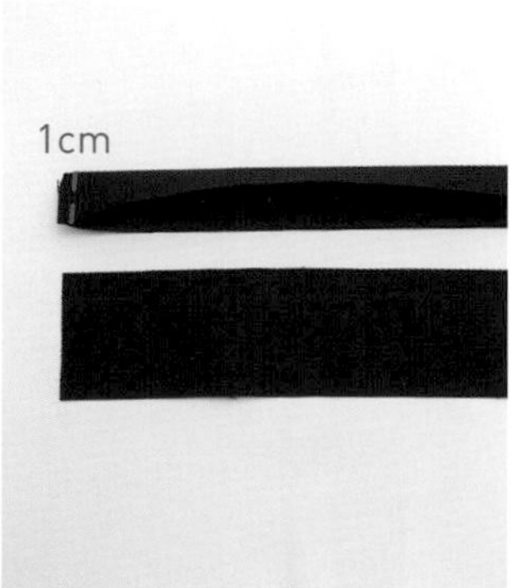

㉘ 拉鍊布對折，兩側車縫。

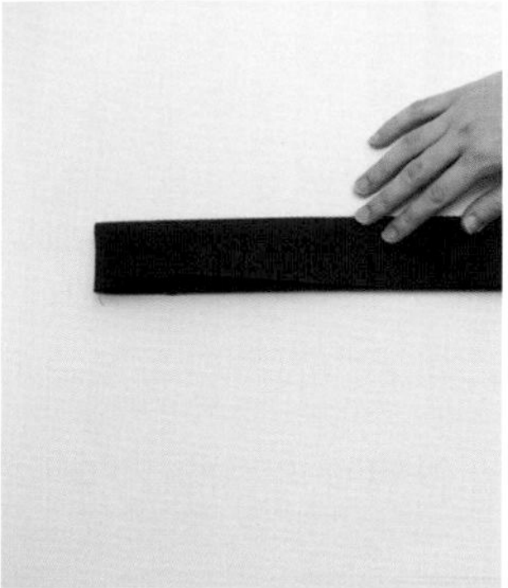

㉙ 翻回正面。

㉚ 拉鍊多餘的部分往內收。

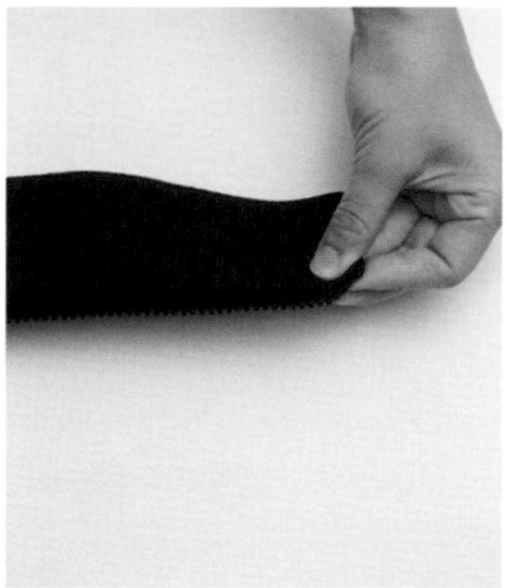

㉛ 拉鍊布和拉鍊頭側邊對齊，露出 0.5cm 的拉鍊齒，固定。

㉜ 拉鍊車縫在拉鍊布上。

㉝ 車縫好的拉鍊布固定在表布 A 袋口置中位置並車縫。

㉞ 裝上拉鍊頭。

㉟ 表布 B 袋口取中心點，做記號。

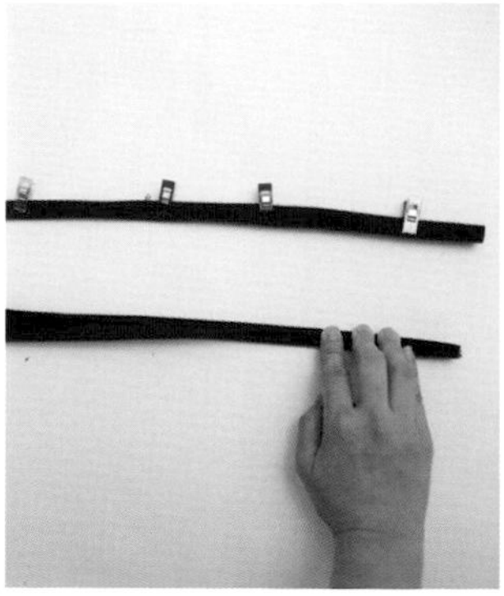

㊱ 包邊條（55*5cm）對折後，在各自再往內折一次，用強力夾固定。

㊲ 包邊條一端對齊步驟㉟的記號點。

❸❽ 包邊條固定在內裏袋口邊緣一圈，沿布邊 0.7cm 車縫一圈。

❸❾ 記得包邊條兩邊頂端要剛好接到，但不要重疊。

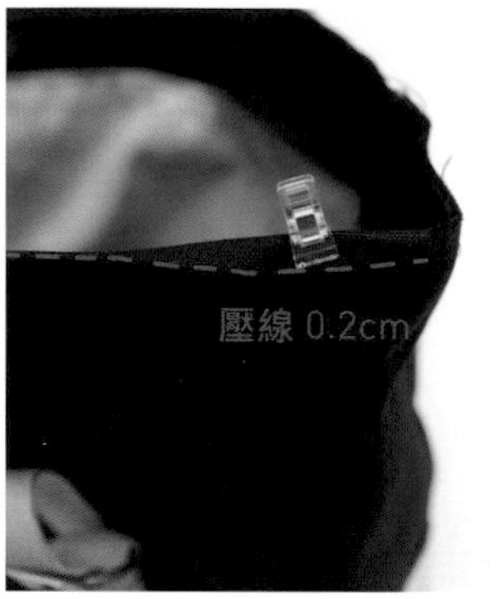

❹⓿ 包邊條車縫後往外折兩折包邊，並車縫固定。

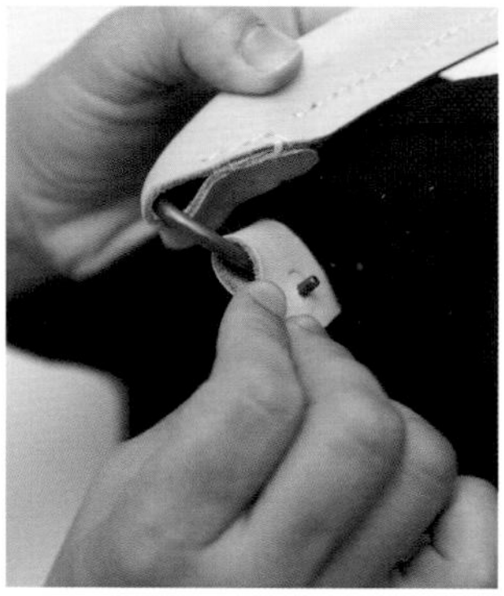

❹❶ 裝飾皮革上方對折處，套入附 D 環提把，再用 1cm 固定釦將裝飾皮革、表布（需於適當位置打洞）固定在一起。

❹❷ 側邊包邊條接合處，用皮革穿過 D 環後，再使用固定釦敲合。

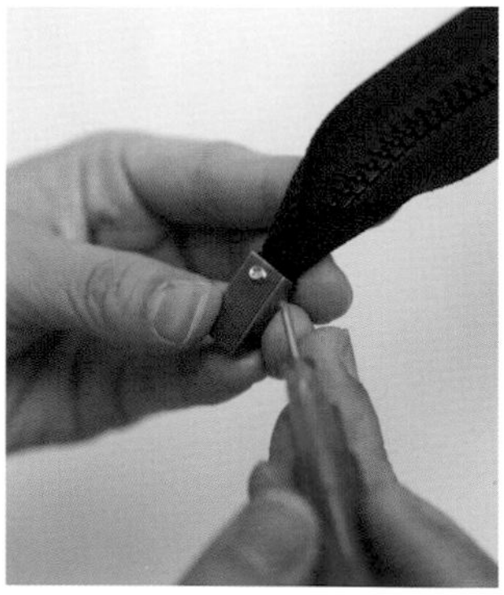

❹❸ 裝上拉鍊尾端裝飾，即完成。

29

無理 後背包（拉鍊款）。

Bella's bag

版型可放大 125%，
適合男性使用。

材料 （尺寸含縫份）

布｜
表布 50*40cm — 1 片（依版型）
裏布 50*40cm — 2 片（依版型）

配件｜
拉鍊 42cm — 1 條
拉鍊擋布 3*6 cm — 2 片
人字織帶包邊條 30cm — 1 條
固定釦 8mm — 2 組
四合釦 10mm — 1 組
珠釦— 2 組
皮革 100*2.5 cm — 2 條
皮革 3*10 cm — 1 條
D 環 3cm — 1 個
皮革 2.5*10 cm — 2 條
D 環 2.5cm — 2 個

步驟 let's get started

❶ 拉鍊擋布和拉鍊正面相對。

❷ 車縫 1cm 後翻至正面壓線，拉鍊頭尾一樣作法。

❸ 拉鍊與表布正面相對，布邊對齊。

❹ 裏布與表布正面相對，將表布、拉鍊布、裏布三者一起車縫（拉鍊夾車）。

❺ 翻至正面，將拉鍊與表布壓線 0.2cm（裏布不需壓線）。

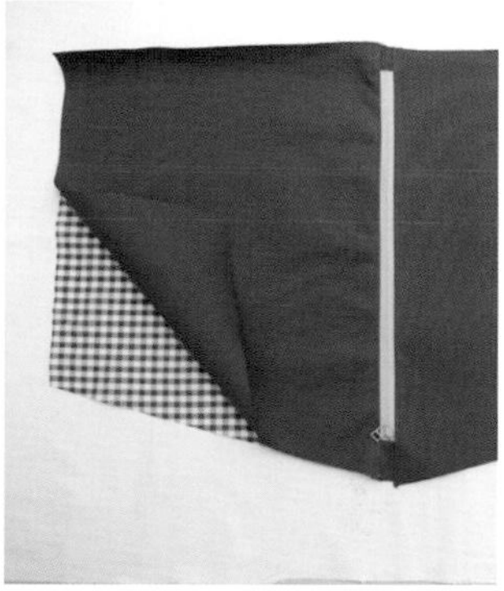

❻ 拉鍊另一邊一樣做法。

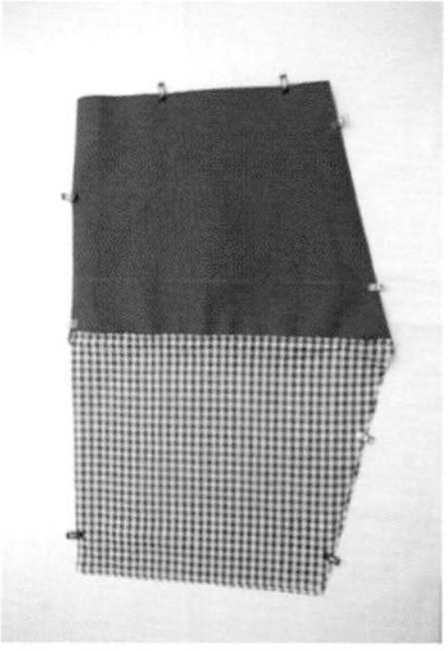

❼ 兩塊表布正面相對、兩塊裏布也正面相對，車縫一圈，將返口留在裏布側邊，約 10cm。

※此為布包位置剪 3cm

❽ 車縫好後，由返口翻回正面，較斜一邊的拉鍊頭拉出袋底，剪去一角約 3cm。

❾ 將皮革(3*10cm)放入 D 環對折，從表布放入開口處，沿布邊 1cm 將皮革車縫固定。

※此為布包位置

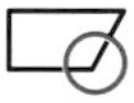

❿ 斜邊底部畫出袋底 15cm 完成線。

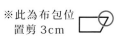

⓫ 沿線剪掉。

⓬ 備妥兩組皮革 D 環。

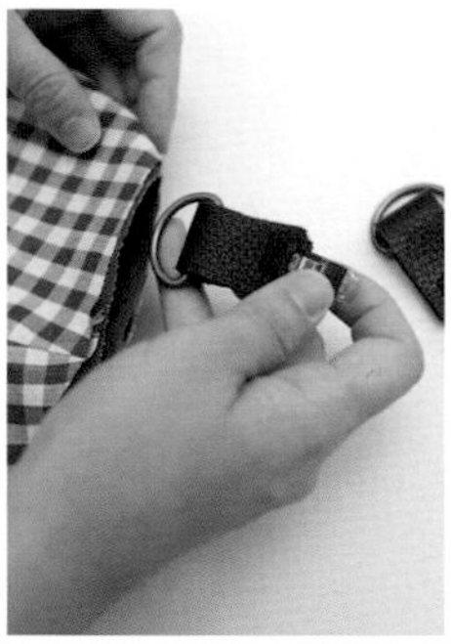

⓭ D 環朝內，皮革對齊開口邊緣。車縫固定。

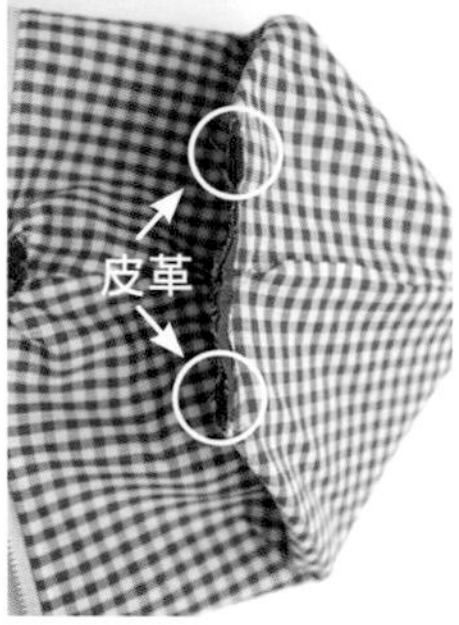

⓮ 車縫袋底 16cm。

⓯ 翻回正面攤平。做兩個記號點：(1) 側邊 12cm、拉鍊上方 16cm 處畫上記號。(2) 側邊 2cm、2cm 劃上記號。

⓰ 記號處打洞，從內裏裝上四合釦。

⓱ 將兩條皮揹帶（2.5*100cm）裝入背包上方 D 環，用固定釦固定。

⓲ 長皮帶尾端打洞。

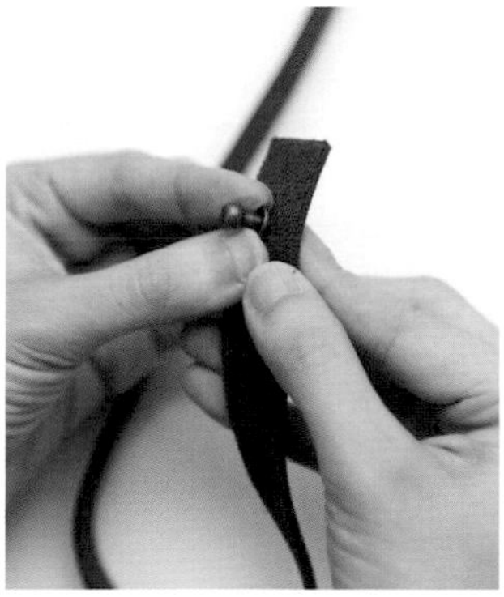

⓳ 裝上珠釦。

⓴ 按照需要長度，在皮帶上打洞。並垂直剪一刀。

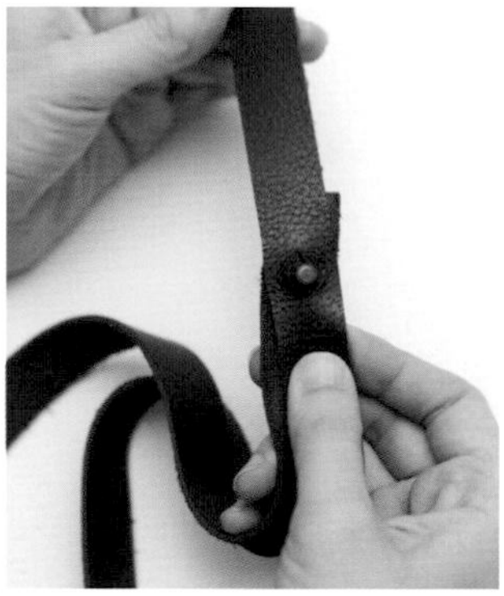

㉑ 穿過底部 D 環，固定皮帶長度（另一邊相同作法）。

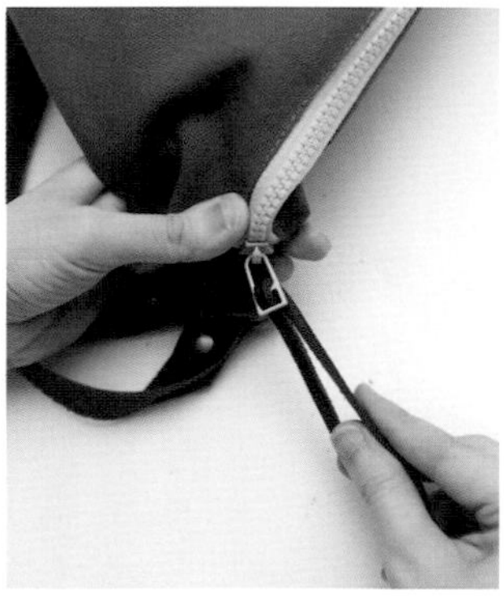

㉒ 將裝飾用皮繩裝入拉鍊。打結。

㉓ 內裏袋底包邊，以及拉鍊開口處需包邊固定。固定後翻回正面即完成。

TIPS

步驟㉓，這 2 處需包邊。

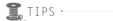

設計師的布包美學提案

29款日雜包圖解技法、步驟、版型全收錄！（二版）

作者　Bella
社長　陳蕙慧
副總編輯　李欣蓉
編輯　陳品潔
封面設計　李佳隆

讀書共和國集團社長　郭重興
發行人兼出版總監　曾大福

出版　木馬文化事業股份有限公司
發行　遠足文化事業股份有限公司
地址　231新北市新店區民權路108-3號8樓
電話　(02)2218-1417
傳真　(02)2218-0727
Email　service@bookrep.com.tw
郵撥　19588272木馬文化事業股份有限公司
客服專業　0800221029
法律顧問　華洋國際專利商標事務所 蘇文生律師

國家圖書館出版品預行編目 (CIP) 資料

設計師的布包美學提案 / Bella 著．——二版．——新北市：木馬文化出版：遠足文化發行 ,2019.04　面；　公分．ISBN 978-986-359-647-9(平裝)

1. 手提袋 2. 手工藝　426.7　108002341

印刷　通南彩色印刷有限公司
二版二刷　2021年9月
定價　新臺幣360元
（缺頁或破損的書，請寄回更換）